MALAKOLOGISCHE ABHANDLUNGEN

Herausgegeben vom

STAATLICHEN MUSEUM FÜR TIERKUNDE IN DRESDEN

In Kommission

AKADEMISCHE VERLAGSGESELLSCHAFT GEEST & PORTIG K.-G.

LEIPZIG

Staatliches Museum für Tierkunde in Dresden
DDR – 801 Dresden, Augustusstraße 2

ABHANDLUNGEN UND BERICHTE AUS DEM STAATLICHEN MUSEUM FÜR TIERKUNDE IN DRESDEN

Hinweise für unsere Autoren

Die Publikationen des Staatlichen Museums für Tierkunde in Dresden dienen der Veröffentlichung von Arbeiten aus dem Museum sowie solchen, die ganz oder teilweise Material des Museums behandeln oder über Materialien berichten, von denen Belegstücke in die Sammlung des Museums kommen.

Die Arbeiten sollen eine Thematik aus den Wissensgebieten Taxonomie, Phylogenie, Evolution, Morphologie, Anatomie, Biologie, Ökologie, Faunistik, Zoogeographie sowie den fachbezogenen Museumswissenschaften beinhalten. Arbeiten anderer Wissensgebiete sowie biographisch oder methodisch orientierte Arbeiten können aufgenommen werden, sofern sie zur Kenntnis der genannten Gebiete beitragen. Es werden nur Originalarbeiten veröffentlicht, die weder ganz noch teilweise bereits an anderer Stelle erschienen sind. Publikationen über Tiermaterial vom Gebiet der Deutschen Demokratischen Republik werden vorrangig behandelt.

Für Inhalt, sprachliche Gestaltung sowie Beachtung einer eventuellen Veröffentlichungsgenehmigung ihrer Arbeiten sind die Autoren selbst verantwortlich. Eine redaktionelle Bearbeitung der Manuskripte behält sich der Herausgeber vor. Die Autoren erhalten eine Eingangsbestätigung oder umfassendere Nachricht über die eingesandten Manuskripte. Nach Veröffentlichung ihrer Arbeiten erhalten die Autoren unentgeltlich 100 Sonderdrucke zugesandt; bei Veröffentlichungen, welche mehr als 200 Seiten umfassen, nur 50 Sonderdrucke. Von in den „Faunistischen Abhandlungen" erscheinenden Kurzmitteilungen werden 10 Belegexemplare ausgegeben. Diese Zahlen können aus technischen Gründen auch bei Veröffentlichungen von zwei oder mehr Autoren nicht erhöht werden.

Die Manuskripte können in deutscher, englischer oder französischer Sprache abgefaßt sein. Jede Arbeit (ausgenommen die für die „Reichenbachia" vorgesehenen Veröffentlichungen) muß eine kurze Zusammenfassung in der zur Abfassung des Manuskriptes verwendeten Sprache enthalten. Diese Zusammenfassung wird einschließlich des Titels der Arbeit bei deutschsprachigen Manuskripten in das Englische, bei fremdsprachigen Manuskripten in das Deutsche übertragen. Es ist erwünscht, daß die Autoren diese Übertragung selbst vornehmen.

Eine Rezension eingesandter Monographien wird auf Wunsch gern vorgenommen.

Spezielle Richtlinien über Manuskriptgestaltung, Ausführung der Illustrationen und Korrekturgang der Publikationen können auf Anforderung vom Herausgeber bezogen werden.

MALAKOLOGISCHE ABHANDLUNGEN

Herausgegeben vom

STAATLICHEN MUSEUM FÜR TIERKUNDE IN DRESDEN

Band 6

1978–1979

In Kommission
AKADEMISCHE VERLAGSGESELLSCHAFT GEEST & PORTIG K.-G.
LEIPZIG

Inhalt:

Zur Beachtung:
Zu Nr. 19 (ZEISSLER, H., Neubearbeitung Konchylienfaunen „Klippe" Mühlhausen, S. 241–266) befinden sich die Tabellen 1–9 infolge Überformats in einer gesonderten Heftung am Ende dieses Bandes.

Neue Namen

GASTROPODA

Bradybaenidae

Bradybaena fruticum popovici-baznosanui subsp. n., p. 310: GROSSU

Daudebardiidae

Daudebardia (Cibinia) cavicola ponorica subsp. n., p. 24: GROSSU

Berichtigungen

Zu Nr. 19 (ZEISSLER, H., Neubearbeitung Konchylienfaunen „Klippe" Mühlhausen, S. 241–266) müssen in den Tabellen 1, 4, 6, 7, 8 folgende Änderungen vorgenommen werden:
Tabelle 1: In der 20. Zeile von unten muß es richtig heißen „+ *Discus ruderatus*".
Tabelle 4: In der 39. Zeile von unten lautet der richtige Prozentwert von Probe 51 „9,81".
Tabelle 6: In der 2. Zeile von oben lautet die richtige Anzahl von *Belgrandia germanica* in Probe 69 „18".
Tabelle 7: In der 10. Zeile von oben lautet die richtige Schreibweise „*Radix peregra* aff. *obtusa-inflata*".
Tabelle 8: In der 4. Zeile von unten lautet der richtige Prozentwert von Probe 45 „0,12".

Malak. Abh. Mus. Tierk. Dresden | Band 6 | 1978–1979

Verantwortlicher Redakteur: Dr. RAINER EMMRICH

Staatliches Museum für Tierkunde Dresden
DDR – 8010 Dresden, Augustusstraße 2

Genehmigt: Ministerrat der Deutschen Demokratischen Republik, Ministerium für Kultur, unter Nr. 105/17/78 u. 105/10/79
Klischees: Graphischer Großbetrieb „Völkerfreundschaft" Dresden
Satz und Druck: Graphische Werkstätten Zittau-Görlitz, Betrieb VII
Oberlausitzdruck Großschönau III-28-2

ALEXANDRU V. GROSSU – 70 Jahre

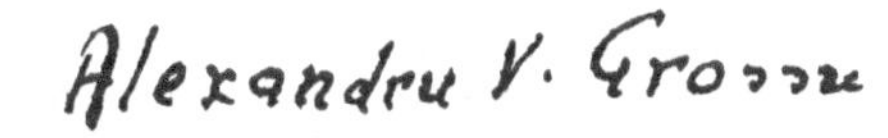

Der Senior der rumänischen Malakozoologen ist im deutschen Schrifttum längst kein Unbekannter mehr. Seit 1936 hat er regelmäßig einen Teil seiner Arbeiten hier und in deutscher Sprache publiziert, und seit 1964 erschienen auch immer wieder Beiträge von ihm in den „Zoologischen Abhandlungen" und später in den „Malakologischen Abhandlungen" des Staatlichen Museums für Tierkunde Dresden.

Am bekanntesten sind seine Leistungen als Anatom und Systematiker, die bahnbrechend sind, und wobei er sich keinem Fortschritt verschloß, denn außer den klassischen Methoden der Morphologie stellte er auch physiologisch-biochemische Methoden in den Dienst der Artabgrenzung.

Seine wissenschaftliche Gesamtleistung ist um so höher einzuschätzen, als er die rumänische Malakozoologie eigentlich erst begründet hat. Im vorigen Jahrhundert wurde die Molluskenforschung im rumänischen Raum im Rahmen historischer Provinzen betrieben. Es sei etwa an CLESSIN erinnert, der in seine Fauna Österreich-Ungarns Teile von Siebenbürgen eben mit einbezog. GROSSU war es vorbehalten, Rumänien als zoogeographisch einheitliche „Dakische Provinz" zu erkennen und ihre Wesenszüge herauszuarbeiten.

Dabei war seine Arbeit niemals einseitig. Bis zu seiner Emeritierung im Jahre 1975 hielt er an der Universität in Bukarest eine Vorlesung über Allgemeine Zoologie. Für die ökologische Arbeit benötigte er außerdem gründliche Kenntnisse in Botanik und Geologie. Darüber hinaus bewährte er sich auch bei vielen Gelegenheiten als Leiter und Organisator. Ferner gelang es ihm, unter seinen Studenten auch spezielles Interesse für die Malakozoologie zu erwecken. Seine Mitautoren bei vielen seiner Arbeiten sind großenteils ehemalige Schüler von ihm, die in seinem Sinne weiterarbeiten. Aber auch die unter seinen ehemaligen Schülern, die ihm persönlich nicht so nahe gestanden haben, loben seine Güte, seine Hilfsbereitschaft, sein menschliches Verständnis.

Sein Lebenslauf

Alexandru Vasile GROSSU wurde am 14. Juli 1910 in Ciorăni, Gemeinde Pufeşti, Kreis Vrancea, geboren. Sein Vater war ein landarmer Bauer. Unser Jubilar war das vorletzte von 10 Kindern der Familie. Obwohl seine Eltern zusätzlich im Tagelohn in der Landwirtschaft arbeiteten, vermochten sie trotz allen Fleißes ihre Kinder gerade bescheiden zu ernähren und zu kleiden. Diese wurden, so früh es nur ging, zur Hilfeleistung herangezogen. Für jüngere Söhne aus solchen mittellosen Familien, die ihren Kindern keine weitergehende Schulbildung ermöglichen konnten, gab es zu jener Zeit keine andere Berufsaussicht als die manuelle Arbeit in der Landwirtschaft. – Nach dem 1. Weltkrieg verbesserte sich die wirtschaftliche Lage der Familie durch die Zuteilung von Land etwas. Deshalb wurde es möglich, daß der kleine Alexandru, der schon in der Volksschule durch Begabung und Eifer aufgefallen war, eine höhere Schule besuchen konnte. Die ersten 4 Klassen absolvierte er am Gymnasium zu Adjud, dann setzte er seine Ausbildung am Lyzeum von Focşani fort. Während seiner Schulzeit mußte er sich seinen Lebensunterhalt zum großen Teil selbst verdienen.

Bei einem Wettbewerb gewann er ein Stipendium, das es ihm ermöglichte, von 1930 bis 1934 in Bukarest Naturwissenschaften zu studieren. Ihn interessierte Botanik nicht weniger als Zoologie, und er vollbrachte in allen Studienfächern überdurchschnittliche Leistungen. Großen Wert legte er auch auf Vervollkommnung seiner Schulkenntnisse in fremden Sprachen, so daß es ihm später möglich war, seine Arbeitsergebnisse in fünf Sprachen zu publizieren.

Sein Professor im Fach Zoologie, A. POPOVICI-BIZNOŞANU, war der erste seiner Universitätslehrer, der die ungewöhnlichen Fähigkeiten des Studenten erkannte und förderte. GROSSU begann schon als Student, Mollusken zu sammeln, und zwar zuerst vor allem marine Arten. Nach und nach gewann er tieferes Interesse für diese Tiergruppe. Daher verfaßte er schließlich seine Dissertation über karpatische Schnecken, womit er 1939 „magna cum laude" promovierte.

Nach Abschluß des Studiums sowie während er an seiner Dissertation arbeitete, unterrichtete er an verschiedenen Lyzeen in Bukarest. Nach der Promotion erhielt er eine Titularprofessur in Timişoara. Dort wurde er besonders von dem Ornithologen Prof. D. LINŢIA sehr gefördert. Seine Forschungsarbeit setzte er auch hier fort, war nach wie vor bemüht, sich die Fachliteratur auch des Auslandes zu beschaffen und veröffentlichte verschiedene Aufsätze, nicht nur über malakozoologische Themen.

Seine Arbeit wurde jäh dadurch unterbrochen, daß er während des 2. Weltkrieges zum Militärdienst einberufen wurde. Nach seiner Entlassung trat er zunächst wieder in den Schuldienst ein. Von 1946 bis 1949 leitete er das Loga-Kollegium in Timişoara, war dann kurze Zeit Regional-Schulinspektor, erhielt aber noch 1949 einen Lehrstuhl für Biologie am Medizinischen Institut in Timişoara. Im Jahre 1952 übernahm er die Leitung der Pädagogischen Hochschule in Bukarest und erhielt ebenda auch eine Professur für Zoologie. Nach den Hochschulreformen wurde er 1955 an die Biologische Fakultät der Universität in Bukarest berufen, wo er bis zu seiner Pensionierung im Jahre 1975 lehrte. Nebenher wirkte er von 1955 bis 1957 auch als Direktor des Naturhistorischen Museums „Grigore Antipa" in Bukarest. Ende 1956 gelang es ihm, die Erlaubnis zur Gründung einer Schriftenreihe dieses Museums (Travaux du Muséum d'hist. nat. „Gr. Antipa") zu erwirken, welche noch heute erscheint. Zwischen 1957 und 1962 war er außerdem Dekan der Biologischen Fakultät der Universität. Seine umfangreiche Arbeit über die rumänischen Mollusken hat er also zusätzlich zu seinen nicht geringen Dienstobliegenheiten zustandegebracht. Erst seit seiner Emeritierung ist es ihm möglich, seine ganze Zeit der Forschungsarbeit zu widmen, da er seine Vorlesungstätigkeit aufgegeben hat. Aber er betreut noch immer Doktoranden, so daß sein Kontakt zur nächsten Generation nicht abreißt.

Über das Ausmaß seiner malakologischen Arbeiten gibt die nachstehende Bibliographie einige Auskunft. Neben kleineren Vorhaben befaßt er sich zur Zeit hauptsächlich mit einer Monographie der rumänischen Schneckenarten, die vierbändig angelegt ist und deren erster Band als Manuskript bereits vorliegt. Dazu hat er viele Hunderte Abbildungen, insbesondere der anatomischen Details, selbst gezeichnet!

An Mollusken hat er 35 neue Arten beschrieben und benannt; darüber hinaus weitere in Gemeinschaftsarbeit mit einigen seiner Schüler, die sich ebenfalls speziell mit Molluskenkunde beschäftigen: 10 neue Limaciden-Arten (Gattungen *Limax, Deroceras, Milax, Lehmannia*) mit D. LUPU, 5 neue *Argna*-Arten mit A. NEGREA, eine neue *Alopia*-Art mit C. TESIO, eine neue *Monodacna*-Art (Bivalvia) mit GH. BALTAC, eine neue *Lytopelte*-Art mit D. GROSSU.

Ferner wurden ihm zu Ehren folgende Arten bzw. Unterarten benannt:

Argna grossui ZILCH 1958,
Alopia grossui HUDEC 1970,
Alopia microstoma grossuana NORDSIECK 1977,
Bulgarica rugicollis grossui NORDSIECK 1973,
Deroceras grossui REISCHÜTZ 1975,
Hypanis caspia grossui SCARLATO et STAROBOGATOV 1972,
Limax grossui LUPU 1970,
Turricaspia grossui GOLIAKOV et STAROBOGATOV 1972,
und dazu die Gattung *Grossuana* RADOMAN 1973.

Die obige Aufzählung zeigt, daß seine Arbeit auch außerhalb seines Heimatlandes in ihrem vollen Wert erkannt wurde. Von Anfang an hat der Jubilar danach gestrebt, Erkenntnisse und Erfahrungen mit Spezialisten anderer Länder auszutauschen. Mit vielen Fachkollegen korrespondierte er direkt, außerdem ist bzw. war er Mitglied in folgenden fachwissenschaftlichen Gesellschaften: Deutsche Malakozoologische Gesellschaft (seit 1936), Malacological Society of London und Conchological Society of Great Britain and Ireland (beide seit 1948); ferner: Société malacologique de France, Société Belge de Malacologie und Californian Malacozoological Society. Die Aufrechterhaltung dieser Mitgliedschaften, die an die Zahlung von Beiträgen in der jeweiligen Landeswährung gebunden ist, wurde ihm um so schwieriger, als durch die Inflation in den kapitalistischen Staaten die Mitgliedsbeiträge mehrmals erhöht wurden. So ist heute die persönliche Verbindung zu den Kollegen aus den verschiedenen Ländern um so notwendiger geworden. Auf vielen Fachtagungen hat er gesprochen, in London hat er 1962 die „Unitas Malacologica Europaea" mit begründet, er wurde 1974 Vorstandsmitglied und später Vizepräsident der nunmehrigen „Unitas Malacologica".

Die Krönung seiner Lebensarbeit sieht der Jubilar in der geplanten vierbändigen Monographie der rumänischen Mollusken. Das heißt aber nicht, daß er sich in sein Studierzimmer zurückgezogen hat. Immer wieder geht er ins Gelände, wo seine Rüstigkeit und körperliche Gewandtheit manchen Jüngeren beschämt, er sammelt sein Belegmaterial selbst und benötigt auch jetzt zum Sehen der kleinen Arten noch keine Brille. Wer mit ihm in den rumänischen Bergen gesammelt hat, kann kaum glauben, daß Professor GROSSU nun schon das siebzigste Jahr erreicht hat. Möge es ihm vergönnt sein, noch viele Jahre zu wirken, die Vollendung aller seiner geplanten Arbeiten in Gesundheit zu erleben, und noch von vielen jungen Wissenschaftlern als väterlicher Freund verehrt zu werden!

Malakozoologische Veröffentlichungen von Alexandru V. Grossu

1936

Helix pomatia elsae Kob. in Rumänien. – Arch. Moll., **36** (3): 136.

Contribuţiuni la fauna malacologică a României: gasteropode terestre şi de apă dulce. – Bul. Soc. Stud. St. Nat. Bucureşti, **5–7**: 74–78.

1938

Gasteropode noi şi rare pentru fauna României. – Bul. Soc. Nat. România, Bucureşti, **13**: 29–32.

1939

Contributions sur le mode de détermination des gastéropodes. – Comp. Rend. scéances Inst. Sc. Roumanie, **3** (3): 310–314.

Contribuţiuni la studiul Unionidelor din România. – Bul. Soc. Stud. St. Nat. Bucureşti, **8–10**: 48–63.

(Dissertation) Contribuţiuni sistematice, ecologice şi biologice asupra gasteropodelor din regiunea Sinaia (Masivele Bucegi-Gîrbova). – Teză pres. Fac. Ştiinţe, Univ. Timişoara, nr. 175: 1–93.

Contribuţiuni la studiul repartiţiei geografice a moluştelor în România. – Revista Geografică Română, **2** (2–3): 114–121.

1940

Die Auswirkung des verspäteten Frühlingsbeginnes auf die Biologie der Lebewesen. – Natur und Heimat, Timişoara, **5**, März 1940: 3–4.

1942

Die Gastropodenfauna der Umgebung von Timişoara. – Compt. Rend. scéances Acad. Sc. Roumanie, **6** (1–4): 183–187. Bucureşti.

1943

Katalog der im rumänischen Faunengebiet lebenden Gasteropoden (ein geschichtliches, systematisches und zoogeographisches Studium über die rumänische Gasteropodenfauna). – An. Ac. Rom., sec. ştiinţe, Ser. 3, **16**: 249–310.

1946

Consideraţiuni zoogeografice asupra cîtorva specii de gasteropode rare din România. – Rev. Geogr. I. C. B. G., **3** (1–3): 183–189. Bucureşti.

Amphimelania holandri Fér., gastéropode relique en Roumanie. – Compt. Rend. scéances Cercle zool. Cluj, 1945–46: 14.

Contributions à la Faune malacologique de Roumanie: sur deux espèces nouvelles de Hydrobiidae: *Paladilhiopsis codreanui* n. sp., *Bythinella dacica* n. sp. – Acad. Roumaine, Bull. sect. St., **29** (3): 203–206.

1950

Moluştele din rîul Taiţa-Dobrogea. – „Natura", **2** (3): 83–85. Bucureşti.

1951

Potamopyrgus jenkinsi, gasteropod nou pentru apele continentale ale R. P. R. – Com. Acad. R. P. R., **1** (7): 593–596.

1952

Moluştele din sistemul de lacuri Razelm: studiu sistematic şi bioeconomic. – Bul. St. Acad. R. P. R. Secţ. St. Biol., **4** (3): 665–674.

1954

Moluşte găsite în diferite gropi de la Hăbăşeşti. – Hăbăşeşti, monografie arheologică, edit. Acad. R. P. R.: 606.

1955

Contribuţiuni sistematice şi zoogeografice la cunoaşterea gasteropodelor din Valea Minuştului, Banat. – Com. Acad. R. P. R., **5** (4): 665–669.

Gasteropodele Pulmonate din R. P. R.: Mollusca, Gasteropoda Pulmonata. – Fauna R. P. R., **3** (1), Acad. R. P. R: 1–520.

Contribuţiuni la cunoaşterea faunei Gasteropodelor din R. P. R.: *Hohenwarthia orghidani* n. sp. din Fam. Ferussacidae. – Com. Acad. R. P. R., **5** (11): 1579–1582.

1956

Gasteropoda Prozobranchia şi Opisthobranchia din R. P. R. – Fauna R. P. R., **3** (2): 1–220.

(Mit G. PALADIAN) Contribuţiuni la studiul Moluştelor din Delta şi Bazinul Dunării inferioare. – Anal. Inst. Cercet. piscic., N. S., **1**: 401–410.

1957

Noi contribuţiuni la cunoaşterea gasteropodelor din R. P. R.: *Daudebardia rufa getica* nov. subsp. – Bul. Stiinţific Acad. R. P. R., Ser. zool., **3** (1): 25–33.

(Mit D. LUPU) *Deroceras (Hydrolimax) melanocephalus*, eine kaukasische Limacide in Rumänien. – Arch. Moll., **86** (4–6): 171–172.

Consideraţii paleoecologice şi biogeografice asupra moluştelor în săpăturile arheologice şi în straturi de Loess. – Materiale Cercet. arheol. **4**, Ed. Acad. R. P. R.: 373–376. Bucureşti.

(Mit D. LUPU) Contribution à la connaissance de Limacides de la faune roumaine. – Trav. Museum „Gr. Antipa", Bucureşti, **1**: 141–146.

Novoe o brjuchonogich v RNR. *Daudebardia rufa getica* nov. subsp. – Rev. Biol. Acad. R. P. R., **2** (2): 247–254. (Russ.)

1958

Helix lucorum lucorum în R. P. R. – Anal. Univ. „C. I. Parhon", Ser. St. Nat., **20**: 97–105.

(Mit A. RIEDEL) *Oxychilus deilus malinowskii* (C. Pfeiffer, 1865) und die verwandten Formen. – Arch. Moll., **87**: 141–149.

1959

(Mit D. LUPU) Für Rumänien neue *Deroceras*-Arten und ihre tiergeographische Bedeutung. – Arch. Moll., **88**: 41–51.

O nouă specie balcanică în fauna noastră: *Helix secernenda* Rossm. – Anal. Univ. „C. I. Parhon", Bucureşti, Ser. St. Nat., **21**: 85–87.

(Mit D. LUPU) Un nou gasteropod în fauna R. P. R.: *Limax flavus* L. – Comunic. Acad. R. P. R., **9** (6): 561–567.

(Mit A. CĂRĂUŞU) Contribution à la connaissance des mollusques de la côte occidentale de la Mer Noire. – Lucrările Staţiunii zool. mar. Agigea: 213–222.

1960

Consideraţiuni paleoecologice şi paleoclimatice, pe baza gasteropodelor găsite în săpăturile arheologice de la Mitoc (malul Prutului). – Materiale cerc. arheol. **6**: 19, Ed. Acad. R. P. R., Bucureşti 1959.

Genul *Pisidium* C. Pfeiffer 1821 în fauna R. P. R. (Mollusca, Bivalvia). – Anal. Univ. „C. I. Parhon", Bucureşti, Ser. St. Nat., Biol., **24**: 69–81.

Two New Species of the Genus *Daudebardia* (Terrestrial Gastropoda). – Proc. Malac. Soc. London, **34** (3): 174–180.

(Mit D. LUPU) Revision der Gattung *Limax* aus Rumänien, nebst Beschreibung einiger neuer Arten. – Arch. Moll., **89**: 157–165.

1961

Variaţiile lui *Cardium edule* L. in Marea Neagră. – Simpozionul Biologia Mării Negre 1960, Acad. R. P. R., Hidrobiologia **3**: 177–191, 5 Textabb.

(Mit D. LUPU) *Lehmannia poirieri* Mabille 1883, un nou gastropod pentru fauna R. P. R. – Com. Acad. R. P. R., **11** (4): 455–459.

(Mit D. LUPU) Die Gattung *Lytopelte* (Limacidae) in den Karpathen. – Arch. Moll., **90**: 27–31.

(Mit D. LUPU) Reviziurea speciilor genului *Milax* Gray 1885, existente în România. – Anal. Univ. „C. I. Parhon", Ser. St. Nat., Biol., **28** (10): 127–148.

(Mit D. LUPU) Zwei neue Arten der Gattung *Deroceras* Rafinesque 1820. – Arch. Moll., **90**: 21–25.

Poiavlenie poten narodnomu goziastvu. – Vestnik Moskovskogo Universiteta, Ser. 6, Biologia, **6**: 3–10. Moskva. (Russ.)

1962

Faunističeskie issledovania v Ruminii. – Zool. Shurnal, **12** (2): 306–310. Moskva. (Russ.)

Einige Betrachtungen über die geographische Verbreitung der Mollusken in der rumänischen Fauna. – Revue Biol., Acad. R. P. R., **7** (1): 95–104.

Bivalvia. – Fauna R. P. R., Acad. R. P. R., **3**: 1–426.

(Mit Gh. BALTAC) Limnocardiidae cvarternare în Delta Dunării. – Stud. cercet. Geol., **7**: 249–259.

Noi contribuţii la cunoaşterea moluştelor din cursul inferior al Dunării. – Hidrobiologia, **4**: 337–359.

Primul congres european de malacologie (Londra 17–23 sept. 1962). – Revista Inv. Superior, Bucureşti, **9–10**: 111–114.

(Mit D. LUPU) Zur Kenntnis der Gattung *Lehmannia* Heynemann (Limacidae) und deren große Variabilität, nebst Beschreibung neuer Arten. – Arch. Moll., **91**: 191–201.

1963

The origin and evolution of the molluscs of the Black Sea. – 16th International Congress of Zoology, **1**: 45. Washington.

Quelques mots sur les limacides de la Republique Populaire Roumaine. – Le Courier Industriel et Scientifique, **71**: 12. Bruxelles.

(Mit A. NEGREA) Contribuţii la cunoaşterea moluştelor din peşterile R. P. R. – Lucrările Inst. Speologie „E. Racoviţa", **1–2**: 503–508, 1962–1963.

(Mit D. LUPU) *Limax nyctelius* en Roumanie. – Arch. Moll., **92**: 141–143.

(Mit D. LUPU) Variabilité du genre *Deroceras* (fam. Limacidae) et description d'une nouvelle espèce. – Trav. Museum „Gr. Antipa", Bucureşti, **4**: 193–200.

(Mit D. LUPU) Duşmani noi sau puţin cunoscuţi ai plantelor din sere, din depozitele alimentare şi din culturi în ţara noastră. – Lucrările Grădinii Botanice Bucureşti (Festschrift), 975–982.

1964

Die Gastropodenfauna aus der nördlichen Kleinen Walachei (Südkarpaten) und ihre biogeographischen Eigenschaften. – Zool. Abh. Mus. Tierk. Dresden, **26** (14): 263–276.

The presence of *Rapana bezoar* L. (Muricidae) opposite the Rumanian Black Sea shores. – Arch. Moll., **93**: 215–218.

Nouvelle espèce du genre *Deroceras* dans la Fauna de Roumanie. – Trav. Museum „Gr. Antipa", **4**: 214–221.

Prezenţa elementelor caucaziene în fauna malacologică a României. – Anal. Univ. Bucureşti, Ser. Biol., **13**: 83–101.

(Mit R. CĂLINESCU, A. BUNESCU u. I. STEFĂNESCU) Răspîndirea geografică şi valorificarea Unionidelor din R. P. R., cu privire specială asupra Bălţii Brăila. – Anal. Univ. Bucureşti, Ser. Geol.-Geograf., **13** (2): 109–121.

1965

(Mit D. GROSSU) Eine neue Art der Gattung *Lytopelte* aus dem Retezat-Gebirge der SW-Karpathen (Limacidae). – Arch. Moll., **94**: 51–54.

(Mit D. LUPU) Neue Beiträge zur Kenntnis der Verbreitung des *Limax nyctelius* in Europa. – Malak. Abh. Mus. Tierk. Dresden, **1** (6): 135–138.

(Mit D. LUPU) Espèces nouvelles du genre *Deroceras* (Gastropoda, Limacidae) en Roumanie. – Trav. Museum „Gr. Antipa", **5**: 25–31.

1966

(Mit D. LUPU) Le genre *Lytopelte* (Limacidae) dans les Carpathes Occidentales. – Trav. Museum „Gr. Antipa", **6**: 25–30.

Caucasian species in Central Europe: The genus *Lytopelte* (Gastropoda, Limacidae) in Roumania and its wide variation. – Proc. 2nd Europ. Malacol. Congress; Malacologia, **5** (1): 57–59.

Două specii ale genului *Alopia* în România. – Anal. Univ. Bucureşti, Ser. biol., **15**: 9–17, 1967.

1967

Contributions à la connaissance de genre *Lehmannia* Heynemann (Gastropoda, Limacidae). – J. Conchyl., **106** (4): 119–128. Paris.

Caucasian element in the Malacofauna of Rumania. – Trudy Zool. Inst. Leningrad, **42**: 155–158.

1968

(Mit D. GROSSU) Ökologische Betrachtungen über die Molluskenfauna im rumänischen Sektor des Donau-Flusses und im Delta. – Arch. Hydrobiol., Suppl. **34** (Donauforschung 3): 168–203. Stuttgart.

Cannibalisme chez *Daudebardia*. – Arch. Moll., **98**: 139–141.

A new species of the genus *Limax* in Romania (Gastropoda, Limacidae). – Arch. Moll., **98**: 85–90.

(Mit A. RIEDEL) Beitrag zur Kenntnis der Zonitidae (Gastropoda) Rumäniens. – Trav. Museum „Gr. Antipa", **8**: 735–748.

(Mit A. NEGREA) Révision des espèces du genre *Argna* Cossmann de Roumanie et description de quelques nouvelles unités taxonomiques. – Trav. Museum „Gr. Antipa", **8**: 721–734.

Vorkommen, Frequenz und Verteilung der *Theodoxus*-Arten in der unteren Donau. – Limnologische Berichte der 10. Jubiläumstagung Donauforschung in Bulgarien: 259–268. Sofia.

1969

Beschreibung einiger neuer taxonomischer Einheiten der Daudebardiidae von Rumänien (Gastropoda, Pulmonata). – Arch. Moll., **99**: 77–89.

Beschreibung einiger neuer Arten der Gattung *Deroceras* (Gastropoda, Limacidae). – Arch. Moll., **99**: 157–170.

Studiul populaţiilor şi polimorfismul la *Hydrobia jenkinsi* (Smith) din complexul Razelm. – Cercet. ecologie animală: 131–139. Bucureşti.

Une nouvelle espèce de genre *Alopia* en Roumanie (Clausiliidae). – An. Univ. Bucureşti, Ser. Biol. animală, **18**: 84–88.

(Mit P. PROTOPOPESCU u. C. MATEESCU) Formation des couches de civilisation de la station de Vădastra en raport avec le sol, la faune malacologique et le climat. – Quartär, **20**: 135–162. Erlangen.

1970

Revizuirea genului *Arion* Férussac in România. – Com. Zool., Soc. St. Biol. R. S. R.: 61–74.

Interpretarea unor resturi de moluşte din Rumelianul I şi II din Cuina Turcului. – Stud. Cercet. Istorie Veche, **21** (1): 45–47.

Zwei neue Arten der Gattung *Lehmannia* Heynemann aus Rumänien. – Malak. Abh. Mus. Tierk. Dresden, **3** (10): 109–114.

Two species recently discovered invading the Black Sea. – Of Sea und Shore, **1**: 43–44. Washington.

Boettgerilla vermiformis Wiktor (Gastropoda-Pulmonata, Limacomorpha) în România. – Stud. Cerc. et Biol., Ser. Zool., **22** (4): 289–291.

Comparative study of the species of *Lytopelte* Boettger from Roumania and a description of a new species, *L. lotrensis* n. sp. – Proc. Malac. Soc. London, **39**: 105–110.

1971

Revizuirea limacomorfelor (Gastropode – Pulmonate) din regiunea Sinaia (Masivele Bucegi şi Gîrbova). – Com. Stiinţ. Muzeul St. Nat. Ploieşti, **1**: 107–111.

(Mit C. TESIO) Études biochimiques pour la taxonomie et la systématique du genre *Limax* (Gastropoda, Limacomorpha). – Atti Soc. Ital. Sc. Nat. Civ. Nat. Mus. Milano, **112** (3): 289–300.

(Mit C. TESIO u. L. MEŞTER) Cercetări de taxonomie biochimică la animale. – Rev. Natura, 1971 (6): 11–19.

(Mit C. TESIO u. L. MEŞTER) Contributions taxonomiques avec la methode electrophorèse sur la famille de Cobitidae. – Trav. Museum „Gr. Antipa", **11**: 319–326.

Variaţia unor specii de *Campylaea* din regiunea Porţilor de Fier. – Stud. Cercet. Comisia Monumentelor Naturii Craiova, 1971: 115–123.

1972

Fünf neue Arten der Gattung *Deroceras* von der Balkanhalbinsel in der Sammlung des Naturhistorischen Museum in Wien (Gastropoda, Limacidae). – Ann. Naturhist. Mus. Wien, **76**: 639–648.

Gastropodele din zona Porţilor de Fier. – Atlas Monografia „Porţilor de Fier", Ed. Acad. R. S. R.

Noi contribuţii la cunoaşterea genului *Daudebardia* Hartmann (Gastropoda, Pulmonata) în Roumâniei. – Stud. Cercet. Biol., Ser. Zool., **24** (5): 419–422.

Asociaţiile gasteropodelor de la Porţile de Fier. – Stud. Cercet. Biol., Ser. Zool., **24** (4): 293–298.

Deroceras thersites H. Simroth, o nouă specie balcanică în fauna României (Gastropoda – Limacidae). – Stud. Cercet. Biol., Ser. Zool., **24** (1): 3–5.

(Mit Z. STOICESCU) Componenţa şi caracteristica gasteropodelor din judeţul Prahova. – Comun. Referate, Muz. St. Nat. Ploieşti, 1972: 324–338.

(Mit C. TESIO) Determination of the species *Alopia lactea* Bielz (Fam. Clausiliidae, Gastropoda) from the mountains of Bucegi (Carpathians) by anatomical and electrophoretical studies. – Anal. Univ. Bucureşti, Biol. animală, **21**: 43–48.

(Mit C. TESIO) Anatomical and electrophoretic studies of the amphidromic problem in some species of the genus *Alopia* H. et A. Adams (Clausiliidae, Gastropoda). – Rev. roum. Biol., Ser. Zool., **17** (5): 335–343.

1973

(Mit C. TESIO) Bestimmung der Arten *Campylaea trizona* Rossm. und *C. balcanica* Kobelt auf Grund biochemischer Kriterien. – Malak. Abh. Mus. Tierk. Dresden, **4** (8): 59–66.

Les limocardiides actuelles du bassin ponto-caspique. – Rev. Informat., Soc. Belgique Malacol., Bruxelles, **7–8**: 123–150.

(Mit C. TESIO) Un nou gen pentru fauna României: *Macedonica* C. Boettg. din familia Clausiliidae (Gastropoda), identificat prin metode biochimice. – Stud. Cercet. Acad. R. S. R., Ser. Zool., **1** (2): 111–115.

(Mit C. TESIO) Revision der Arten der Alopiinae aus den südlichen Karpaten nebst Beschreibung einer neuen Art (Gastropoda, Clausiliidae). – Arch. Moll., **103**: 87–91.

Caracteristica şi asociaţiile de moluşte din sudul Moldovei. – „Stud. Comunic.", Muzeul St. Natur. Bacău, 1973: 7–14.

(Mit C. TESIO) Recherches anatomiques et biochimiques sur les espèces du genre *Alopia* et quelques problèmes se rapportant à la systématique de la famille Clausiliidae (Gastropoda). – Anal. Univ. Bucureşti, Ser. Zool., **22**: 37–44.

1974

(Mit C. TESIO) Anatomische und biochemische Methoden für die Trennung einiger konvergenter Arten der Gattung *Alopia* (Fam. Clausiliidae). – Trav. Museum „Gr. Antipa", **14**: 97–103.

Caracteristica şi asociaţiile de gasteropode din Banat în diferite ecosisteme. – „Tibiscus", Centenar. Muz. Bănăţean, Timişoara: 95–106.

(Mit C. TESIO) Noi orientări în sistematica animală pe baza studiilor biochimice. – Progrese şi Perspective în Biologie, 1974: 137–155. Bucureşti.

Catalogul gasteropodelor din colecţia „Dr. K. Brančik" aflata la muzeu din Oradea. – „Nymphea", Muzeul St. Nat. Oradea, 1974: 182–202.

Études electrophorétiques pour la confirmation du genre *Herilla* H. et A. Adams (fam. Clausiliidae, Gastropoda). – Informat., Soc. Belge Malacol., Ser. 3, **1**: 11–17.

1975

(Mit C. TESIO) Contributions biochimiques (électrophorèse) à la détermination de l'unité du genre *Deroceras* (Gastropoda, Limacomorpha). – Malak. Abh. Mus. Tierk. Dresden, **4** (19): 177–183.

(Mit C. TESIO) Suggestions for Species grouping within the Family Limacidae (Gastropoda, Pulmonata) by Biochemical Methods. – Proc. Malac. Soc. London, **41** (4): 321–329.

Gastropoda. – Monografia „Porţilor de Fier", Ed. Acad. R. S. R., „Fauna", 1975: 33–40.

(Mit C. TESIO) Systematic studies on some species of the genus *Helicigona* (Pulmonata: Helicidae). – Malacol. Review, **8**: 111–113.

Charakteristik der Mollusken des Schwarzen Meeres. – „Informationen", Club Conchylia, **1**: 4–6. Darmstadt.

(Mit A. NEGREA) Eine reliktäre Gattung der rumänischen Fauna: *Ferrissia* Walker, 1903 (Gastropoda, Basommatophora). – Malak. Abh. Mus. Tierk. Dresden, **4** (21): 191–196.

Die Bedeutung der kontinentalen Gastropoden von Rumänien. – „Informationen", Club Conchylia, **3**: 10–13. Darmstadt.

(Mit I. PĂUNESCU) Catalogul colecţiei de Gasteropode A. I. Licherdopol existentă la Muzeul Olteniei. – Stud. Cercet. Ocrotirea Nat. Jd. Mehedinţi, 1975: 237–244.

1977

Le polymorphisme des gastéropodes et la possibilité d'identifier et de limiter l'espèce avec des methodes biochimiques. – Proc. 5th Europ. Malacol. Congress; Malacologia, **16** (1): 15–19.

1978

Metode biochimice în taxonomie şi limitelelor. – Probleme de biologie evoluţionistă, 1978: 85–89. Bucureşti.

Mollusca. – Tractat de zoologie agricolă, Ed. Acad. R. S. R., 1978: 166–190.

1979

Revision of the Species of the Daudebardiidae Family of Roumania (Gastropoda, Pulmonata). – Malak. Abh. Mus. Tierk. Dresden, **6** (1): 1–41.

Revision der Vitriniden Rumäniens (Gastropoda, Stylommatophora). – Malak. Abh. Mus. Tierk. Dresden, **6** (9): 107–123.

Neue Gastropoden-Arten für die Fauna Rumäniens (Helicidae-Helicellinae). – Trav. Museum „Gr. Antipa", **20**: 21–28.

Eine neue Gastropoden-Art: *Monachoides bacescui* n. sp. (Fam. Helicidae, Unterfam. Hygromiinae). – Trav. Museum „Gr. Antipa", **20**: 31–35.

1980

Die Variabilität von *Bradybaena fruticum* (O. F. MÜLLER), mit Beschreibung einer neuen Unterart aus Rumänien (Gastropoda, Stylommatophora, Bradybaenidae). – Malak. Abh. Mus. Tierk. Dresden, **6** (23): 303–312.

HILDEGARD ZEISSLER

MALAKOLOGISCHE ABHANDLUNGEN
STAATLICHES MUSEUM FÜR TIERKUNDE IN DRESDEN

Band 6 Ausgegeben: 28. Mai 1980 Nr. 15

Über die Schnecken an der Burgruine „Maienluft" bei Wasungen, mit einem Ausblick nach dem Muschelkalkgebiet um Meiningen

(Gastropoda)

HILDEGARD ZEISSLER
Leipzig

Als ich im Sommer 1976 nach Wasungen reiste, wußte ich nichts von den Mollusken dieses Gebietes. Auch war der erste Anblick nicht sehr verheißungsvoll, denn der Untergrund um Wasungen besteht aus Buntsandstein, und die Wälder ringsum sind vorwiegend Fichtenbestände. Einigermaßen aussichtsreich erschienen mir am ehesten die Kleingewässer, und insbesondere von den Wassermollusken im Einzugsgebiet der Katz, eines linken Nebenflusses der Werra, wird später einiges zu sagen sein.

Um die Landschnecken auf so saurem Boden möglichst schnell zu erfassen, bot die rechts der Werra über der Stadt gelegene Burg „Maienluft" eine gute Gelegenheit. Wie ich auch schon an anderer Stelle dargelegt habe (ZEISSLER 1975), ist die Tatsache längst bekannt, daß sich in solchem Gelände alle vorkommenden sowie irgendwie eingeschleppten Arten an und um Mauerwerk konzentrieren, da der Mörtel den pH-Wert stark verbessert.

Von der eigentlichen Burg stehen nur noch die Umfassungsmauern sowie der Hauptturm, der als Aussichtsturm wieder instandgesetzt worden ist. Zudem ist in das Ruinengelände mitten hinein eine Gaststätte und ein Ferienheim gebaut worden, so daß die Außenseite der Mauern die meiste Ausbeute verspricht.

Da im Juli 1976 sehr trockenes Wetter war und ich deshalb annahm, ich hätte doch nicht alle Arten erfaßt, habe ich die Aufsammlungen im Juli 1978 wiederholt, wobei ich allerdings sah, daß mir nur einige wenige Nacktschnecken früher entgangen waren. Es bleibt noch zu erwähnen, daß mir bei der ersten Begehung die Schülerin Ulrike KLAUSNITZER aus Dresden tatkräftig beim Sammeln geholfen hat, wofür ich ihr hiermit danke.

Tabelle 1.

1) Innerhalb der Ruine, Mauerabsatz links der Stufen zum Turm. Ulme; Hopfen; Stachys, Geum urbanum, Aegopodium podagraria und andere Kräuter. Hier je eine Aufsammlung von 1976 und 1978.
2) Ostseite, etwa 50 m nördlich des Eingangs, außerhalb der Mauer auf altem Bauschutt. Ulme; Hasel; Urtica, Aegopodium podagraria, Heracleum, Laubstreu auch von Ahorn. Juli 1976.
3) Ostseite, Böschung hinter dem Turm. Spitz- und Bergahorn, Ulme, Linde; Hasel, Sambucus niger, Hedera; Geum urbanum, Aegopodium podagraria, Geranium robertianum, Lampsana, Umbelliferae indet., Gräser. Boden sandig, mit Mörtelbrocken, Schiefer- und Glasscherben sowie anderem Kulturmüll. Juli 1978.

4) Nordseite, zwischen Graben und Mauer. Sandstein- und Dachziegelschutt und alte Brettstücken; Bergahorn, Ulme; Sambucus niger, Geum urbanum, Geranium robertianum. Juli 1976.
5) Unter der NW-Ecke der Ringmauer. Berg- und Spitzahorn, Linde; Urtica, Lamium galeobdolon, Viola sp., Heracleum, Brachypodium silvaticum. Juli 1976.
6) NW-Ecke bis Grabenende, seit 1976 stark ausgeholzt. Rotbuche, Bergahorn, Linde; Heracleum, Geum urbanum, Impatiens parviflora, Umbelliferae (weißblühend) indet. Juli 1978. Diese Sammelstelle enthält auch die Stelle 5, ist aber weiter ausgedehnt.
7) Westseite, dicht unter der Mauer, nahe der NW-Ecke, unter 2 alten Spitzahornen; Stachelbeere, Sambucus niger; Geum urbanum, Galium aparine, Umbelliferae indet., Geranium robertianum etc. Juli 1978.
8) Westseite, nahe der SW-Ecke, am Hang. Bergahorn, schwarze verwilderte Kirsche; Urtica, Galium aparine, Stachys, Aegopodium podagraria. Juli 1976.

	1	2	3	4	5	6	7	8
Cochlicopa lubrica	—	1	1	—	—	—	1	—
+ *Pupilla muscorum* (apex)	—	—	tot	—	—	—	—	—
Ena obscura	3	3	3	—	—	3	3	—
Discus rotundatus	4	4	4	4	4	4	4	—
Arion fasciatus	—	—	—	5	—	—	—	—
+ *Arion hortensis*	—	—	—	6	6	—	—	—
Vitrina pellucida	7	7	7	—	7	—	7	—
Vitrea contracta	—	8	—	—	8	8	—	—
Nesovitrea hammonis	—	9	—	—	9	—	—	—
Aegopinella pura	—	10	10	—	10	10	10	10
Aegopinella nitidula	11	11	11	11	11	11	—	—
Aegopinella nitens	—	12	12	12	12	12	12	—
Oxychilus cellarius	—	—	—	—	13	—	—	—
Limax maximus	—	14	—	—	—	—	—	—
Deroceras aff. *reticulatum* (juv.)	15	—	—	—	—	—	—	—
Limax sp. (fragm.)	—	Schälchen	—	—	—	—	—	—
Cochlodina laminata	—	—	—	—	17	—	17	—
Clausilia bidentata	—	—	18	—	—	—	—	—
Laciniaria biplicata	—	—	—	19	19	—	19	19
Clausiliide sp. (apex)	—	20	—	—	—	—	—	—
Bradybaena fruticum	—	—	21	—	21	—	—	21
Zenobiella umbrosa	22	—	—	—	—	—	—	—
Trichia sericea	23	23	—	—	23	—	23	—
Cepaea hortensis	24	—	24	—	24	—	—	—
+ *Helix pomatia*	—	—	—	—	—	25	—	—
Artenzahl:	8	13	11	6	14	7	9	3

Die beschädigte und verwitterte Schalenspitze der *Pupilla* könnte als verschleppt gelten, wenn man nicht anderweitig diese Art zusammen mit Vallonien auf den Oberkanten alten Gemäuers lebend finden könnte. Dies kann hier nicht nachgeprüft werden. Die Westmauer ist auf Brüstungshöhe gekürzt und gegen weitere Verwitterung, also auch gegen Bewachsen, durch Zement (?) geschützt, die anderen Umfassungsmauern sind zu hoch, als daß ich sie hätte erreichen können.

Sicher erst in die Ruine eingeschleppt worden sind die Kulturfolger *Arion hortensis* und *Helix pomatia*, die auch in den Wasunger Gärten häufig ist. Zu den in der Tabelle aufgeführten Arten fand sich im Jahre 1976 beim Abstieg nach Südwesten am unteren Waldrand noch ein lebender *Arion rufus marginellus*.

Wie weit die übrigen Arten in dem Gebiet häufig oder selten sind, kann noch nicht gesagt werden, denn merkwürdigerweise ist über die Molluskenfauna der Meininger Gegend so gut wie nichts bekannt. GOLDFUSS (1900) nennt unter Berufung auf G. BRÜCKNER einige Arten von „Sachsen-Meiningen" oder Meiningen schlechthin, was im Grunde eine sehr vage Angabe ist, denn das frühere Herzogtum Sachsen-Meiningen war ein ausgedehntes und zerrissenes Territorium. Aber obwohl nicht weit südlich von Wasungen, talauf von dem Ort Walldorf, der Buntsandstein von Muschelkalk abgelöst wird, also die Umweltbedingungen für Schnecken ausgesprochen günstig werden, wurde in diesem Jahrhundert (GOLDFUSS 1904, ZEISSLER 1973) von dem Gebiet malakologisch nichts bekannt. Deshalb sei es mir gestattet, über einige Zufallsuntersuchungen im Muschelkalkgebiet zwischen Walldorf und Meiningen zu berichten.

Vorausschicken möchte ich noch die Artenliste einer Aufsammlung am linken Werraufer etwa 3 km talauf von Wasungen, also in der Richtung auf Walldorf zu, die in einem Urtica-Bestand gemacht wurde. Obwohl mit Ausnahme der einen Wasserschnecke alle Arten lebend gefunden wurden, ist vermutlich ein Teil davon durch den Fluß angespült worden. Alle Arten, die an der Ruine „Maienluft" nicht festgestellt wurden, sind dabei mit + bezeichnet.

\+ *Bathyomphalus contortus* (tot)
Cochlicopa lubrica
\+ *Succinea putris*
Arion fasciatus
Vitrina pellucida
\+ *Vitrea crystallina*
\+ *Deroceras* aff. *agreste*
Laciniaria biplicata
\+ *Trichia hispida*
\+ *Arianta arbustorum*

Mindestens *Succinea* und *Arianta* sind wegen ihrer Vorliebe für Feuchtigkeit auf einem Talboden eher zu erwarten, doch ist in dieser Gesellschaft keine auch nur kalkholde Art zu verzeichnen.

Nun mögen in einer weiteren Tabelle einige gelegentliche Aufsammlungen aus dem Muschelkalkgebiet nach Meiningen zu folgen, die nur eine erste Information geben sollen. Im Jahre 1976 habe ich von Walldorf aus einmal den rechts der Werra gelegenen Eschberg besucht und dort vier Aufsammlungen vorgenommen. Er ist zu einem großen Teil mit Laubwald bestanden. In der Krautschicht fiel besonders an dem steinigen Hang nach der Werrra zu die Häufigkeit von Dictamnus albus auf, der im Juli gerade fruchtete und nicht zu verkennen ist. Am gleichen Tag besuchte ich auch die links der Werra gelegenen Melkerser Felsen, die unübersichtlich und nicht gut zugänglich sind und wegen des Rotbuchenbestandes enttäuschten. Ich brachte also von dort nur eine Aufsammlung zustande.

Im Juli 1978 besuchte ich unvorbereitet und nebenbei von Meiningen aus den Aussichtspunkt „Dietzhäuschen", etwa in halber Höhe des Herrenberg-Hanges zur Werra gelegen. Der Laubwald mit plattigem Kalkschutt im Boden verlockte zum Sammeln, infolge mangelhafter Ausrüstung konnte ich aber ~~nicht mehr~~ Aufsammlungen vornehmen. Mit der Darstellung der Ergebnisse soll nur gezeigt werden, daß das Meininger Gebiet verdient, intensiver besammelt zu werden, denn im ganzen wird es kaum weniger interessant sein als etwa das von Weimar.

Tabelle 2.

A. Rechts der Werra: Am Eschberg bei Walldorf (1976).
9) Nordostecke, halbe Höhe, Schulter, mit hohen Rotbuchen und Sämlingen anderer Bäume; Mercurialis, Convallaria, Lamium galeobdolon, Hepatica, Festuca gigantea, Dactylis glomerata.
10) Nordwesthang, Trockenrasen unterhalb des Waldes, mit Carlina acaulis.
11) Westhang oberhalb der eingestreuten Kiefern. Rotbuche, Stieleiche, Linde, Mehlbeere; Cornus sp., Crataegus oxyacantha; Dictamnus albus, Primula sp., Hepatica.
12) Querweg unterhalb des Gipfels, Südwestecke. Kalkschutt mit Felsstufe. Linde; Hasel, Mehlbeere, Felsenbirne, Himbeere, Rhamnus frangula, Crataegus oxyacantha, Clematis

vitalba; Vincetoxium officinale, Melampyrum nemorosum, Anthericum ramosum, Polygonatum, Melica nutans und andere Gräser.

B. Links der Werra:

13) An den Melkerser Felsen (1976). Ostschulter, kleine isolierte Felspartie im Rotbuchen-Hochwald, mit Mercurialis, Convallaria und Moosen.

14) Herrenberg bei Meiningen, Hangunterteil zur Werra (1978). Etwa 100 m nördlich vom Otto-Ludwig-Denkmal. Artenreicher Laubmischwald mit Stachelbeere und Efeu; Mercurialis, Aegopodium podagraria, Geranium robertianum und anderen Kräutern, Boden mit plattigem Kalkschutt.

15) Wie 14. Stützmauer, etwas tiefer hangabwärts nach dem Denkmal zu. Im gleichen Wald, mit Efeu, Geranium robertianum, Chelidonium und Lampsana.

		Eschberg				Melkerser Felsen	Herrenberg	
		9	10	11	12	13	14	15
T	*Abida frumentum*	—	—	—	1	—	tot	—
T	*Vallonia excentrica*	—	2	—	—	—	—	—
T	*Vallonia costata*	—	3	—	—	—	—	—
	Ena obscura	—	—	4	4	—	4	—
+	*Punctum pygmaeum*	5	—	—	—	—	—	—
	Discus rotundatus	6	—	—	—	6	6	6
+	*Arion circumscriptus*	7	—	—	7	—	—	—
	Arion hortensis	—	—	—	—	—	—	8
	Vitrea contracta	9	—	—	—	—	—	—
	Nesovitrea hammonis	10	—	—	—	—	—	—
	Aegopinella pura	11	—	—	11	11	11	—
	Aegopinella nitens	—	—	12	—	—	12	—
+	*Aegopinella* aff. *minor*	13	—	—	13	13	—	—
+	*Oxychilus alliarius*	—	—	—	—	—	14	14
	Limax maximus	—	—	—	—	—	—	15
T	*Cecilioides acicula*	—	16	—	—	—	—	—
	Cochlodina laminata	—	—	17	17	17	17	—
+	*Clausilia parvula*	—	—	—	—	18	—	—
+	*Clausilia pumila sejuncta*	—	—	—	—	19	—	—
+	*Iphigena plicatula*	—	—	—	—	20	—	—
	Laciniaria biplicata	—	—	—	—	21	21	21
+	*Laciniaria plicata*	—	—	—	—	—	22	22
	Bradybaena fruticum	—	—	—	—	—	23	—
T	*Helicella itala*	—	24	—	—	—	—	—
+	*Perforatella incarnata*	25	—	25	25	25	25	25
	Trichia sericea	26	—	—	26	26	—	—
+	*Trichia hispida*	—	27	—	—	—	27	27
+	*Helicodonta obvoluta*	—	—	28	28	28	—	—
+	*Helicigona lapicida*	—	—	29	29	29	—	—
+	*Cepaea nemoralis*	—	—	—	30	—	—	—
	Cepaea hortensis	—	—	31	31	—	31	—
	Helix pomatia	—	—	32	32	—	32	—
	Artenzahl:	9	5	8	13	12	14	8

Alle Arten, die ich um Wasungen nicht fand, sind bezeichnet, mit T solche, die allein auf dem Trockenrasen am Eschberg gefunden wurden, selbst wenn sie nicht derartig stenök sind, mit + die übrigen, unter denen sich zwar anspruchsvollere Arten, doch keine große Seltenheiten befinden.

Die einzelnen Aufsammlungen sind keineswegs artenreicher als die von der Ruine „Maienluft", wenn auch die Gesamtliste länger ist. Man darf aber nicht vergessen, daß die Ruine in dem sauren Areal ein Schneckenrefugium darstellt, während die Sammelstellen auf

Kalkboden von einem ortsunkundigen Sammler aufs Geratewohl gewählt worden sind. Bei gründlichem Sammeln kann man sehr wohl noch manches Interessante von der Umgebung Meiningens erwarten.

Zusammenfassung

Im schneckenarmen Buntsandsteingebiet um Wasungen wurde insbesondere das Mauerwerk der Burgruine „Maienluft" besammelt, wobei 25 Landschneckenarten festgestellt wurden. Dazu kommt noch eine Nacktschneckenart, die sich am Hang des Burgberges fand. Am linken Werraufer talauf von der Stadt fanden sich 5 weitere Arten sowie eine Wasserschnecke, die vielleicht ursprünglich von der Werra dorthin gebracht worden sind. Da von dem südlich anschließenden Meininger Muschelkalkgebiet überhaupt noch keine Fundorte von Schnecken bekannt sind, werden gleichzeitig einige Gelegenheitsaufsammlungen vom Eschberg und den Melkerser Felsen bei Walldorf und vom Herrenberg bei Meiningen mitgeteilt. Diese Tabelle umfaßt 32 Arten und weicht in der Zusammensetzung ab. Sie zeigt deutlich, daß die Meininger Gegend verdient, einmal gründlicher untersucht zu werden.

Summary

ON THE SNAILS FROM THE CASTLE RUIN „MAIENLUFT" AT WASUNGEN, WITH A FIRST GLANCE AT THE TRIASSIC LIMESTONE AREA ROUND MEININGEN (THURINGIA)

In the area round Wasungen in Southern Thuringia, on acid soil of triassic sandstone, the walls of the castle ruin „Maienluft" were searched for land snails. 25 species were found there beneath the walls and one *Arion* species on the hill slope, 5 further species could be collected on the banks of the river Werra south of the town.
Somewhat farther southward the limestone area of Meiningen is beginning. Because practically nothing is known of the Meiningen snail fauna, some occasional findings from 3 calcareous hills are quoted. Though none of the 32 species from there is a special rarity, evidently this area deserves further collecting.

Résumé

DES GASTÉROPODES DE LA RUINE DE MAIENLUFT À WASUNGEN, ET UN COUP D'OEIL À L'ARÉAL CALCAIRE DE MEININGEN (THURINGE)

Sous les murailles du château de „Maienluft" sur grès triassique 25 espèces de gastéropodes terrestres ont été trouveés, et 5 autres espèces dans la vallée sur le rive du fleuve de Werra.
Comme rien n'est connu des mollusques de l'aréal calcaire voisin de Meiningen, quelques trouvailles de chance ont été mentionnées de même. Quoique cette seconde liste ne contienne point de raritées, elle montre que cet aréal deserve plus d'attention des malacologistes.

Literatur

GOLDFUSS, O., 1900: Die Binnenmollusken Mitteldeutschlands. Leipzig.
—, 1904: Nachtrag zur Binnenmolluskenfauna Mitteldeutschlands. – Zeitschr. Naturwiss., 77: 231–310.

ZEISSLER, H., 1973: Das Schrifttum über Thüringens Schnecken und Muscheln seit REGELs Bibliographie von 1894 bis zum Jahre 1970. – Malak. Abh. Mus. Tierk. Dresden, 4 (2): 9–20.

—, 1975: Die Schnecken der Hallenburg im Thüringer Wald. – Malak. Abh. Mus. Tierk. Dresden, 4 (28): 249–252.

Anschrift der Autorin:
Dr. H. Zeißler, DDR – 7022 Leipzig, Michael-Kazmierczak-Straße 3.

MALAKOLOGISCHE ABHANDLUNGEN
STAATLICHES MUSEUM FÜR TIERKUNDE IN DRESDEN

Band 6 Ausgegeben: 28. Mai 1980 Nr. 16

Vergleichende Untersuchungen über Lungen von Eobania vermiculata (MÜLL.)

(Gastropoda, Pulmonata, Helicidae)

Mit 3 Abbildungen

ARNOLD DROZDOWSKI

Toruń

Einleitung

Untersuchungen über Bau und Vaskularisation von Schneckenlungen und insbesondere diejenigen, die zur Klärung der Abhängigkeit zwischen Körpermasse und Fläche dieses Organs tendieren, sind immer noch sehr spärlich (DROZDOWSKI 1970, 1972, 1975a, 1975b, 1977a, 1977b, 1978a, 1978b, 1978c).

Die bisherigen Veröffentlichungen trugen zur Klärung der Richtungen von entwicklungsgeschichtlichen Veränderungen sowie zur Erkenntnis der fortschreitenden Spezialisation und Komplikation des Lungenbaues bei. Sie ermöglichten außerdem ein volleres Verständnis der phylogenetischen Beziehungen innerhalb der *Pulmonata*, was wiederum eine wesentliche Bedeutung für die Erwägungen über die Taxonomie dieser Gastropodengruppe haben kann. Da jedoch die dargestellten Probleme noch ungenügend geklärt wurden, sind weitere Untersuchungen unentbehrlich.

Die vorliegenden Untersuchungen hatten als Ziel, die Beziehungen zwischen Körpermasse sowie Bau, Vaskularisation und Größe der Lungenoberfläche von *Eobania vermiculata* (MÜLL.) kennenzulernen. Es wurde versucht, auch weitere Kenntnisse über morphologische Strukturen zu erhalten, die eine Steigerung der Leistungsfähigkeit der Lungen bewirken.

Vergleichende Untersuchungen wurden an 50 Exemplaren von *Eobania vermiculata* (MÜLL.) durchgeführt, welche im September 1976 in Jugoslawien gesammelt wurden. Die Herstellungsweise von Totalpräparaten sowie die Materialvorbereitung für statistische Untersuchungen wurden in den früher veröffentlichten Arbeiten besprochen (DROZDOWSKI 1970, 1978c).

Lungenmorphologie

Die Lunge von *Eobania vermiculata* (MÜLL.) wird – ähnlich wie bei allen bisher untersuchten Arten der Familie *Helicidae* – durch die Innenfläche des die Mantelhöhle bedekkenden Mantels gebildet (Abb. 1). Hinsichtlich der Vaskularisation kann dieses Organ in

Tab. 1. Zusammenstellung der Lungenoberflächen- und Gewichtsmessungen von 50 Exemplaren von *Eobania vermiculata* (MÜLL.).

Exemplar-nummer	Exemplargewicht mit Schale in mg	Schalengewicht in mg	Exemplargewicht ohne Schale in mg	Lungenoberfläche in mm²
1	7050	1170	5880	542
2	5750	1800	3950	321
3	5500	1740	3760	330
4	3300	690	2610	290
5	5350	1550	3800	272
6	6200	2020	4180	236
7	4500	1100	3400	393
8	4500	1300	3200	313
9	6650	2320	4330	467
10	4550	1250	3300	217
11	4850	1420	3430	245
12	4700	1350	3350	382
13	4800	1870	2930	500
14	5600	1600	4000	430
15	6600	1850	4750	574
16	5700	1500	4200	417
17	6200	1400	4800	521
18	7500	2050	5450	452
19	8900	2000	6900	577
20	6900	1800	5100	535
21	7900	1950	5950	516
22	5250	1500	3750	376
23	3000	1050	1950	236
24	5850	1800	4050	572
25	4800	1300	3500	410
26	4800	1600	3200	400
27	4900	1550	3350	430
28	3900	1150	2750	246
29	6000	1700	4300	468
30	4500	1700	2800	360
31	6850	2000	4850	420
32	6100	1750	4350	507
33	5400	1600	3800	463
34	4500	1200	3300	453
35	4800	1300	3500	403
36	5800	1600	4200	411
37	5250	1450	3800	320
38	7300	1700	5600	467
39	5300	1200	4100	373
40	5300	1650	3650	294
41	4700	1350	3350	253
42	4500	1450	3050	350
43	5400	1650	3750	411
44	4600	1350	3250	401
45	4600	1600	3000	380
46	5000	1500	3500	390
47	4700	1350	3350	427
48	4800	1400	3400	422
49	6000	1800	4200	333
50	4700	1600	3100	696

drei Teile geteilt werden. Am intensivsten ist der Lungengipfelteil vaskularisiert. Es treten hier sekundär verzweigte, starke Blutgefäße auf, die auf der Oberfläche das sogenannte „Balkenwerk" bilden (SCHMIDT 1916). Zwischen diesen Verzweigungen sind die zuführ-

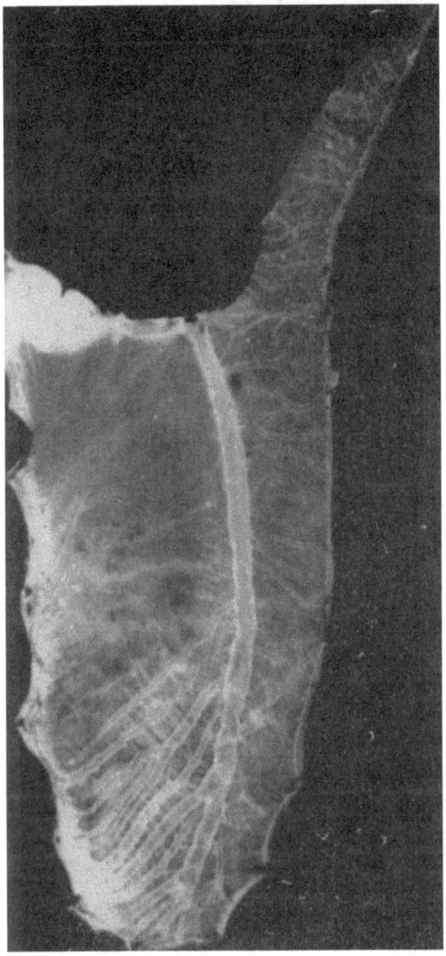

Abb. 1. Lunge von *Eobania vermiculata* (MÜLL.).

renden Hauptgefäße (Vasa afferentia) sichtbar. Der zweite Teil der Atmungsfläche, der rechts von der Vena pulmonalis gelegen ist, zeichnet sich durch ein gut entwickeltes Netz von zarten Blutgefäßen aus, wobei eine von ihnen die Rolle von abführenden (Vasa efferentia), die anderen dagegen von zuführenden Gefäßen verrichten. Das dürftigste Gefäßsystem besitzt dasjenige Fragment des Atemorgans, welches zwischen dem Herz und dem Schlußabschnitt der Lungenvene einerseits und dem linken Mantelteil andererseits gelegen ist. In diesem Lungenteil kommen zarte Blutgefäße vor, die nur auf angefärbten Präparaten sichtbar sind.

Bei vergleichenden Erwägungen über die individuelle Lungenvariabilität wurde nur die Zahl und Verteilung von starken Blutgefäßen in der Gipfelpartie des besprochenen Organs berücksichtigt. In der analysierten Sammelserie wurden zwei Haupttypen der Lungenvaskularisation unterschieden. Zum charakteristischen Merkmal dieses Organs gehört bei der

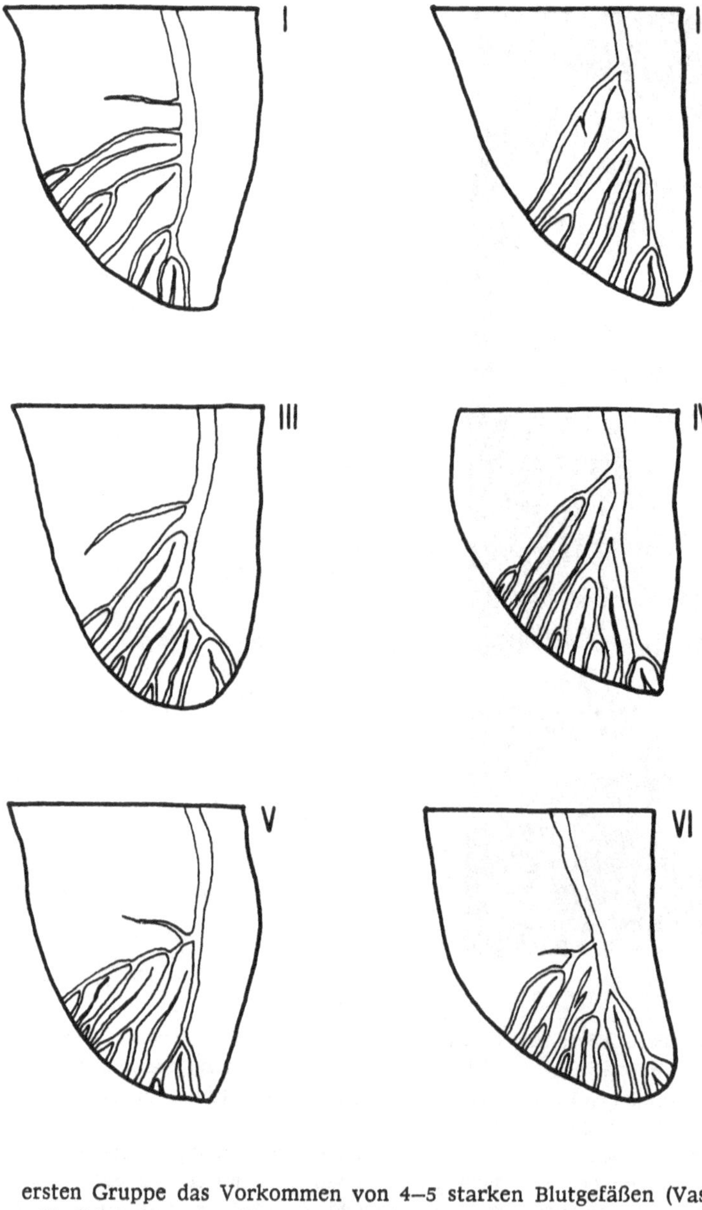

Abb. 2. Unterschiede in der Vaskularisation des Lungengipfelteils von *Eobania vermiculata* (MÜLL.).

ersten Gruppe das Vorkommen von 4–5 starken Blutgefäßen (Vasa efferentia), die gewöhnlich keine sekundären Verzweigungen aufweisen (Abb. 2, I–III). Den zweiten Bautyp bilden Lungen mit einer kleineren Zahl (2–3) von Hauptverzweigungen der Vena pulmonalis. Im Gegensatz zu den Gefäßen des vorigen Typs sind die Gefäße mehrfach verzweigt (Abb. 2, IV–VI). Es ist zu betonen, daß der Prozentanteil der Lungenoberfläche mit intensiver Vaskularisation sowie die Gefäßnetzdichte in beiden Fällen keine wesentlichen Unterschiede aufweisen.

Analyse der Beobachtungsergebnisse sowie Schlußfolgerungen

Tabelle 1 enthält Zahlendaten, welche als Unterlagen für vergleichende Betrachtungen über die Abhängigkeit zwischen der Körpermasse ohne Schale und der Lungenoberfläche von 50 Exemplaren von *Eobania vermiculata* (MÜLL.) dienten. Die Auswertung der analysierten Abhängigkeit erfolgte anhand des Korrelationskoeffizienten, welcher aus der nachstehenden Formel errechnet wurde:

$$r = \frac{\Sigma\,(x-\bar{x})\,(y-\bar{y})\,f}{(N-1)\cdot\delta_x\cdot\delta_y} = 0{,}61$$

Der hohe „r"-Wert zeugt davon, daß in der untersuchten Individuen-Sammlung eine enge Korrelation zwischen den verglichenen Parametern besteht. Eine ähnliche Beziehung wurde bei fast allen untersuchten Schneckenarten der Familie *Helicidae* festgestellt (*Helix pomatia* L., *Helicella obvia* [HART.] und *Arianta arbustorum* [L.]) (DROZDOWSKI 1970, 1975a, 1978c), nur die gesamte Sammlung von Individuen von *Cepaea nemoralis* (L.) wies die erwähnte Korrelation nicht auf (DROZDOWSKI 1972). Es ist jedoch zu betonen, daß für die vom Autor unterschiedenen Gruppen von *Cepaea nemoralis* (L.) (die wahrscheinlich Individuenverbände einer genetischen Abart darstellten) eine sehr enge Korrelation zwischen den verglichenen Merkmalen festgestellt worden ist. Man kann also vermuten, daß als eigentliche Ursache des Korrelationsmangels bei jener Art eine genetische Ungleichartigkeit der untersuchten Sammlung anzusehen ist (DROZDOWSKI 1972).

Ein bedeutend niedrigerer Wert des Korrelationskoeffizienten ($r = 0{,}47$) wurde bei *Succinea putris* (L.) festgestellt. Es ist dabei zu betonen, daß diese Art phylogenetisch von der Familie *Helicidae* ziemlich entfernt steht und im Vergleich zu dieser primitiver ist (DROZDOWSKI 1978c).

Aus den Zahlendaten von Tabelle 1 und aus der Punkteverteilung von Abb. 3 geht hervor, daß trotz einer deutlichen Korrelation zwischen den verglichenen Parametern sich in der Sammlung auch Individuen von großer Differenz zwischen Körpermasse und Größe der Lungenoberfläche vorfanden. Manche Individuen (siehe Exemplar Nr. 6) wiesen auch eine verhältnismäßig große Körpermasse (ohne Schale) im Vergleich zur Lungenoberfläche auf, andere dagegen (z. B. Exemplar Nr. 50) zeichneten sich durch eine kleine Körpermasse bei verhältnismäßig großer Atemoberfläche des untersuchten Organs aus.

Eine wesentliche Bedeutung für die Beurteilung der Leistungsfähigkeit der Lungen und der Steigerungsstufe des Gasaustauschprozesses besitzt der aus dem Verhältnis zwischen den mittleren Werten der Körpermasse (ohne Schale) und der Oberfläche des Atemorgans errechnete Index. Es ist bekannt, daß je mehr Milligramm Weichkörpermasse auf 1 mm^2 der Lunge entfallen und je kleiner das Organ ist, desto höher die Spezialisierungsstufe dieses Organs ist. Viele Tatsachen weisen darauf hin, daß eine wesentliche Rolle bei der Beurteilung der Leistungsfähigkeit des Atemorgans der Pulmonaten die Größe des Lungenfragments mit intensiver Vaskularisation, die Zahl der starken abführenden Gefäße und das Balkenwerk spielen. Für *Eobania vermiculata* (MÜLL.) beträgt der Wert dieses Indexes

$$S = \frac{m}{p} = \frac{3860{,}4}{443{,}8} = 8{,}7$$

d. h., daß auf 1 mm^2 der Lungenatmungsfläche 8,7 mg der Weichkörpermasse entfallen. Es sei erwähnt, daß der Wert des analogen Indexes für *Helix pomatia* L. 37,7, für die gesamte Sammlung von Individuen von *Cepaea nemoralis* (L.) 10,1, für *Arianta arbustorum* (L.) 7,8, für *Helicella obvia* (HART.) 5,4 und für *Succinea putris* (L.) 13,7 beträgt.

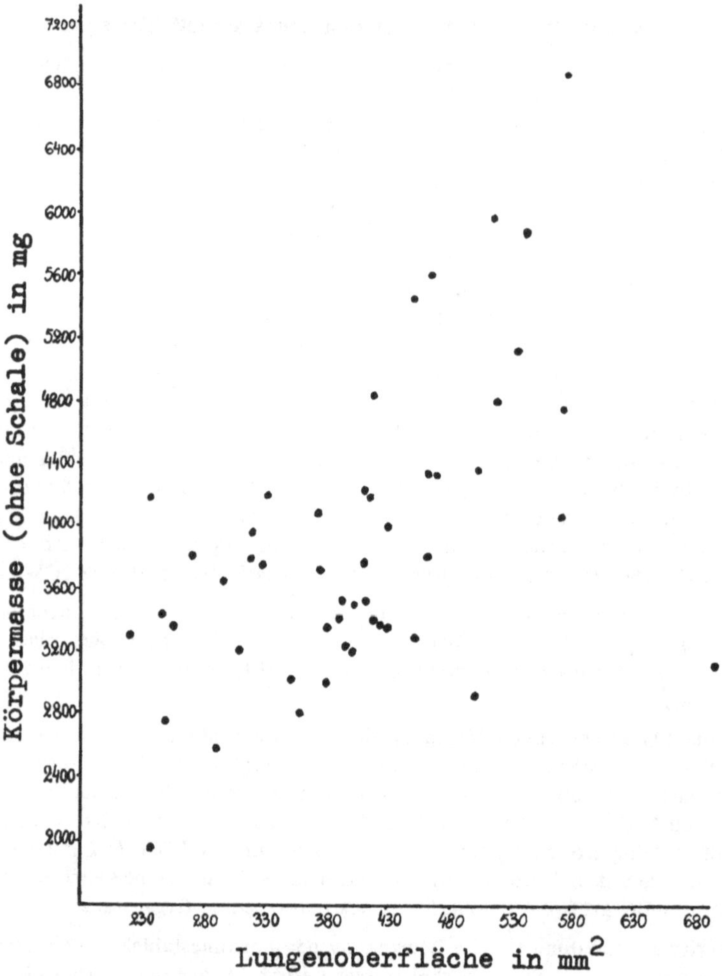

Abb. 3. Abhängigkeit zwischen Körpergewicht (ohne Schale) und Lungenoberfläche bei 50 Exemplaren von *Eobania vermiculata* (MÜLL.).

Zusammenfassend kann festgestellt werden, daß hinsichtlich der untersuchten Merkmale keine wesentlichen Unterschiede zwischen *Eobania vermiculata* (MÜLL.) und *Arianta arbustorum* (L.) festgestellt wurden.

Zusammenfassung

Die Arbeit enthält Ergebnisse von Untersuchungen über Bau und Vaskularisation von Lungen von *Eobania vermiculata* (MÜLL.) sowie über die Abhängigkeit zwischen Körpermasse und Atmungsfläche dieses Organs. Aus statistischen Berechnungen geht hervor, daß zwischen den genannten Parametern eine deutliche Korrelation besteht ($r = 0{,}61$). Zur Beurteilung der Leistungsfähigkeit der Lungen wurde der aus dem Verhältnis zwischen Körpermasse und Oberfläche dieses Organs errechnete Index herangezogen. Für *Eobania vermiculata* (MÜLL.) beträgt dieser Wert 8,7, d. h. daß auf 1 mm² der Oberfläche des Atemorgans 8,7 mg der Weichkörpermasse entfallen. Aus den bisherigen Untersuchungen geht hervor, daß die Leistungsfähigkeit der Lungen dieser Art in den Grenzen der Mittelwerte liegt.

Summary

COMPARATIVE INVESTIGATIONS ON LUNCS OF EOBANIA VERMICULATA (MÜLL.)

The article informs about the results from investigations concerning structure and vascularization of lungs of *Eobania vermiculata* (MÜLL.) and about body weight and respiratory surface of this organ. Statistic calculation shows a distinct correlation between them ($r = 0.61$). The index for estimation of the capacity of lungs results from the ratio between body weight and lung surface. This value for *Eobania vermiculata* (MÜLL.) amounts to 8.7 which means that 1 mm² of the surface of the respiratory organ corresponds to 8.7 mg of the soft body mass. Other investigation shows that a lung capacity of this size is within the limits of mean values.

Literatur

DROZDOWSKI, A., 1970: Vergleichende Studien über die Lungenmorphologie bestimmter Schneckenarten (*Gastropoda, Pulmonata*). – Zool. Pol., **20**: 217–265.

—, 1972: The relationship between the body-weight and the pulmonary surface in Cepaea nemoralis (L.) (*Gastropoda, Pulmonata*). – Zool. Pol., **22**: 107–117.

—, 1975a: Relationship between the body-weight without shell, and the pulmonary surface in *Helicella obvia* (Hart.) (*Gastropoda, Pulmonata*). – Zool. Pol., **24**: 477–493.

—, 1975b: Kierunki zmian ewolucyjnych płuc ślimaków (*Gastropoda, Pulmonata*). – Pol. Tow. Zool., Streszczenie Refer. XI Zjazdu PTZool.: 39–40.

—, 1977a: Versuch einer Analyse der entwicklungsgeschichtlichen Veränderungen der Schneckenlungen (*Gastropoda, Pulmonata*). – Malak. Abh. Mus. Tierk. Dresden, **5**, Nr. 15: 203–212.

—, 1977b: Evolutions-Veränderungsetappen der Schneckenlungen. – Abstracts Sixth European Malak. Congress, Amsterdam: 52.

—, 1978a: Badania nad budową i unaczynieniem płuc ślimaków (*Gastropoda, Pulmonata*). – Stud. Soc. Sc. Tor., **10**: 113–123.

—, 1978b: Zależność między ciężarem ciała bez muszli, a powierzchnią płuc u *Succinea putris* (L.) (*Gastropoda, Pulmonata*). – Stud. Soc. Sc. Tor., **10**: 125–135.

—, 1978c: Zależność między ciężarem ciała, a powierzchnią płuc u *Arianta arbustorum* (L.) (*Gastropoda, Pulmonata*). – Acta Univer. Nic. Coper. (im Druck).

SCHMIDT, G., 1916: Blutgefäßsystem und Mantelhöhle der Weinbergschnecken (*Helix pomatia*). – Z. wiss. Zool., **150**: 201–261.

Anschrift des Autors:

Doc. dr hab. A. Drozdowski, Instytut Biologii, Uniwersytetu M. Kopernika w Toruniu.

Ul. Gagarina 11, 87–100 Toruń, Poland.

MALAKOLOGISCHE ABHANDLUNGEN
STAATLICHES MUSEUM FÜR TIERKUNDE IN DRESDEN

Band 6 Ausgegeben: 28. Mai 1980 Nr. 17

Über das Vorkommen von Landschnecken im Bereich des Wartburg-Berges bei Eisenach
(Gastropoda)

HILDEGARD ZEISSLER
Leipzig

Alte Angaben

Seit mehr als 100 Jahren ist die Wartburg bei Eisenach immer wieder auf Schnecken besammelt worden. Das hat insofern auch nach heutigen Gesichtspunkten eine Berechtigung, als sie auf einem mindestens nicht sehr schneckenfreundlichen Gestein errichtet ist und man annehmen müßte, daß sich durch den Mörtel des Mauerwerkes die Umweltbedingungen für die beschalten Schnecken verbessern und sich darum das Schneckenleben um die Burg konzentriert haben müßte.

Eine Zusammenstellung der Fundangaben aus dem vorigen Jahrhundert, soweit sie zu meiner Kenntnis gelangt sind, sei gleich hier vorangestellt.

Tabelle 1. Alte Literaturangaben

	LAPPE 1871	BOETTGER 1877	MARTENS 1877	GOLDFUSS 1900
Cochlicopa lubrica	—	—	1	—
Pupilla muscorum	—	tot	—	—
Vallonia pulchella	—	tot	—	—
Ena obscura	—	—	4	—
Discus rotundatus	—	—	5	—
Nesovitrea hammonis	—	—	6	—
Aegopinella nitidula	—	—	7	7
Lehmannia marginata	—	—	8	8
Deroceras agreste	—	—	9	—
Cecilioides acicula	—	tot	—	10
Cochlodina laminata	—	—	11	—
Cochlodina orthostoma	—	—	—	12
Clausilia parvula	—	—	13	13
Clausilia dubia	—	—	—	14
Clausilia pumila sejuncta	—	—	—	15
Iphigena ventricosa	—	—	—	16
Laciniaria biplicata	17	—	17	—
Balea perversa	—	—	18	18
Bradybaena fruticum	—	—	19	19
Perforatella incarnata	—	—	20	—
Trichia hispida	—	—	21	—
Euomphalia strigella	—	—	22	22

	LAPPE 1871	BOETTGER 1877	MARTENS 1877	GOLDFUSS 1900
Helicodonta obvoluta	—	—	23	23
Helicigona lapicida	24	—	24	—
Cepaea nemoralis	—	—	25	25
Cepaea hortensis	—	—	26	—
Helix pomatia	—	—	27	—
Artenzahl:	2	3	20	13

Höchstwahrscheinlich gehen die Angaben von LAPPE auf eigene Funde zurück. Wenn man die beiden Arten, die er nennt, auch heute nicht mehr an dem Burg-Mauerwerk findet, so ist zu bedenken, daß der Befund aus der Zeit vor der umfangreichen Restaurierung der Burg durch Wilhelm II. stammt. Sie können sehr wohl an dem Mauerwerk gelebt haben, wenn auch LAPPE keine genaueren Angaben macht.

Prof. BOETTGER hingegen hat nicht selbst dort gesammelt, sondern das Material von einer Dame seiner Bekanntschaft erhalten, die aber vermutlich die Fundorte einigermaßen getrennt hat. Denn das gleiche Material enthält u. a. auch den ersten Nachweis über die inzwischen mehrfach wiedergefundene *Azeca menkeana* aus dem Annatal. BOETTGER erwähnt ausdrücklich, daß er nur tote Schnecken erhalten hat. Die drei Arten lassen zuerst an einen Trockenrasen denken. Aber die Burg erhebt sich auf natürlichem Felsen hoch über umgebenden Wald. Hingegen findet man solche kleinen Arten des offenen Geländes sehr wohl auch auf der Oberkante ungeschützten alten Gemäuers, wie es die Burgmauern vor der Instandsetzung gewesen sein mögen, wenn sie mit Thymian und anderen Polsterpflanzen bewachsen waren. Im benachbarten Kalkgebiet sind diese kleinen Schnecken außerordentlich häufig und können seinerzeit sehr wohl, durch Vögel verschleppt, oben auf den Mauern ihr Genüge gefunden haben, was jetzt nicht mehr der Fall ist, denn alle Burgmauern sind abgedeckt, auf ihnen wachsen keine Pflanzen mehr.

Prof. MARTENS hingegen sagt sehr deutlich, daß seine Artenliste auf ein größeres Areal zu beziehen ist, „... was mir dort bei drei Besuchen in den Jahren 1856, 1869 und 1876, namentlich an den Abhängen gegen das Marien- und Annathal zu vorgekommen ...". Dabei bleibt offen, wie tief hinab in das Tal seine Untersuchungen reichten, sowie ob er nur im Wald oder auch in dem Siedlungsgebiet am unteren Hang des Marientals gesammelt hat. Die Wahrscheinlichkeit spricht dafür, denn zum Beispiel *Euomphalia strigella* kann kaum anderswo als in einem Steingarten mit Kalksteinbrocken gefunden worden sein. Leider war es aber zu seiner Zeit noch nicht üblich, ökologische Fundortangaben zu machen.

GOLDFUSS hat die einschlägigen Veröffentlichungen gekannt und benutzt, dazu sind ihm auch noch weitere Fundangaben von verschiedenen anderen Gewährsmännern zur Verfügung gestellt worden, die er natürlich im guten Glauben übernehmen mußte. Soweit er Arten, die MARTENS angegeben hat, nicht wiederholte, sind es solche, von denen er sagt, daß sie „gemein" oder „durch das ganze Gebiet" verbreitet sind. Wie eng oder weit jeder der Gewährsleute den Fundort „Wartburg" faßt, kann nicht in allen Fällen geklärt werden, es sind vermutlich auch Irrtümer und Verwechslungen vorgekommen, worüber noch zu sprechen sein wird.

Nachsuche nach Felsenbewohnern

Der Tallauf Drachenschlucht–Annatal–Mariental, der dem Wartburg-Gebiet unmittelbar benachbart ist, gehört zu den reicheren Landschnecken-Biotopen, und seine interessante

Fauna ist auch einigermaßen bekannt (s. ZEISSLER 1976). Dabei muß immer wieder betont werden, daß das Schneckenleben nur auf dem Talboden zu finden ist, die Felswände aber keinerlei Schnecken aufweisen. Wahrscheinlich ist nicht so sehr der Chemismus des Gesteins der Grund für das Fehlen der Schnecken, als daß das Konglomerat zu massiv und kompakt ist, um Tieren ein Versteck vor Witterungsunbilden jeder Art zu bieten. Augenscheinlich sind die Bestandteile des Konglomerats uneinheitlich, und man findet im Wald um die Wartburg in der Krautschicht Hinweise auf wechselnden Bodenchemismus, wie abwechselndes Vorkommen der Heidelbeere mit Beständen von Waldmeister oder Perlgras. Jedenfalls ist an natürlichen Felsen des Rotliegenden keine Felsenschnecke zu erwarten. Mochten nun fakultative Felsenschnecken auch an Baumstämmen leben, so war doch insbesondere das Vorkommen von *Clausilia parvula* recht fraglich. Darum hatte ich mir vorgenommen, im Wartburg-Gebiet besonders nach ihr zu suchen. Dabei hatte ich lange Zeit überhaupt keinen Erfolg.

Die eigentliche Burgmauer ist von außen wegen der steil abfallenden Felsen so gut wie unzugänglich, an ihrer Innenseite fand ich sie so dicht ausgefugt und oben mit Platten abgedeckt, daß sie keinerlei Existenzmöglichkeiten für Schnecken bietet. Eine gemauerte Säule außerhalb der Burg in Nähe der Zugbrücke ergab 3 Schnecken, die sichtlich nur zufällig sich dort aufhielten, ebenso fand sich an der Felswand östlich unterhalb der Mauer am Wege zur Eisenacher Burg und zur „Sängerwiese" nur eine einzelne fünfbänderige *Cepaea hortensis*. Es gibt noch einiges Mauerwerk an der Wendeschleife und dem dazugehörigen Parkplatz, insbesondere eine Brücke über einen Arm der Schleife, die zum direkten Zugang zum Hotel gehört, alles aus dem anstehenden Rotliegenden, aber sämtlich gut instandgehalten und ohne jeden Pflanzenwuchs.

Der überbrückte Teil der Wendeschleife ist in den anstehenden Felsen eingehauen, die Wände zu beiden Seiten sind sehr steil und unbewachsen, ausgenommen eine Partie zwischen Brücke und Parkplatz, die auf wenige Meter Breite durch Algen und Moose grün bewachsen ist. Dies ist bisher die einzige Stelle im Rotliegenden, wo tatsächlich Schnecken am Felsen leben. Diese Stelle befindet sich gerade unter dem Wartburg-Hotel, welches nicht aus dem gleichen Gestein errichtet ist. Es ist anzunehmen, daß durch abfließendes Regenwasser soviel Kalk aus noch darüber befindlichem altem Gebäudeschutt des Hotels herabgespült wird, daß der pH-Wert nur gerade an dieser Stelle sowohl den Pflanzen als auch den Schnecken die Existenz ermöglicht.

Der Vollständigkeit halber suchte ich noch die sogenannte „Eisenacher Burg" auf. Dort ist kein Mauerwerk mehr sichtbar. Das einzige Zeichen, daß es sich nicht um einen vorgeschichtlichen Wall handelt, ist der künstliche Einschnitt in den Felsen, wo früher einmal eine Zugbrücke zum Burgtor geführt haben mag. Die Wände dieses Schnittes verlaufen ebenfalls so gut wie senkrecht, sind aber dick mit Moosen bewachsen. Dort fand ich keine Schnecken. Einige wenige Arten, diese jedoch in einiger Anzahl, fand ich dort an einem abgestorbenen Baum an der Wall-Außenseite. Insgesamt erreichte ich nur folgendes Ergebnis:

Tabelle 2.
Hochgelegene Stellen mit Kultureinfluß (alle Aufsammlungen vom September 1978).

	1	2	3
Arion rufus (juv.)	—	1	—
Arion fasciatus	—	—	2
Arion subfuscus	—	—	3
Vitrina pellucida	—	—	4
Limax tenellus	—	—	5

1) Wartburg-Wendeschleife, Felswand etwa 20 m westlich des Parkplatz-Kassenhäuschens, unterhalb des Wartburg-Hotels, nur mit Algen und Moosen bewachsen.

	1	2	3
Deroceras aff. *reticulatum*	6	—	—
Deroceras aff. *agreste*	7	7	—
Clausilia parvula	8	—	—
Laciniaria biplicata	9	—	—
Perforatella incarnata	—	—	10
Trichia sericea (juv.)	—	11	—
Cepaea sp. (juv., gelb)	—	—	12
Artenzahl:	4	3	6

2) Vor der Wartburg, gemauerte Säule nahe der Zugbrücke.
3) Wüstung „Eisenacher Burg", Westseite des Walles, an abgestorbenem, aber noch aufrecht stehendem Buchenstamm.

Hiermit wäre also die *Clausilia parvula* von der Wartburg lokalisiert. Sie kommt hier nicht in Anzahl vor, doch ist sie etwa fünfmal so häufig wie *Laciniaria biplicata*, die mit ihr zusammenlebt. Da die Umgebung der Wartburg unterhalb des Burgfelsens und auf Felsabsätzen mit Laubholz und Gebüsch bewachsen ist, erscheint dieser Artenbestand natürlich sehr enttäuschend, zumal wenn man die MARTENSsche Liste kennt und die Angaben aus GOLDFUSS ausgezogen hat.

Wie sieht aber nun die Schneckenfauna sonst im Hangwald um die Burg aus? Ein gewisser Ruderaleinfluß ist auf einem so stark begangenen Berg nirgends auszuschließen. Das Schneckensammeln auf dem Berg bzw. an seinen Hängen ist jedenfalls mühsam, da ich oft gar nichts gefunden habe. Vom Sattel zwischen Wartburg-Wendeschleife und Metilstein gehen nach Osten und Westen je ein kurzes abschüssiges Tälchen ab. Ich habe in beiden so gut wie vergeblich gesammelt, es kamen mal eine Nacktschnecke, ein andermal eine *Perforatella incarnata* zum Vorschein, immer nur ganz anspruchslose Arten, und auch die nur vereinzelt. In einem dritten Tälchen, das vom Südbogen der Wendeschleife nach Südwesten abfällt, begünstigte mich das besonders nasse Wetter im September 1978, so daß ich immerhin überhaupt ein nennenswertes Ergebnis anführen kann. Es ist das gleiche Tälchen, in dem der Wasserbehälter für das Wartburg-Hotel steht, und an dessen Unterende die Abwasserleitung des Hotels zutage tritt. Es wird nicht begangen, nur an seinem Oberende von einem Wege gequert.

Tabelle 3. Tälchen südwestlich der Wendeschleife.

	4	5
Succinea putris	—	1
Discus rotundatus	2	2
Arion rufus (juv.)	—	3
Arion circumscriptus	4	—
Arion subfuscus	5	—
Arion intermedius	—	6
Limax tenellus	7	7
Deroceras aff. *agreste*	8	—
Cochlodina laminata (juv.)	9	—
Perforatella incarnata	10	—
Cepaea sp. (juv.)	11	—
Artenzahl:	8	5

4) Oberer Kessel, oberhalb des Wasserbehälters, an und bei liegenden Buchenstämmen unterhalb versickernder Quelle.
5) Weiter talab, schon in dem größeren Tälchen von der „Eisenacher Burg" her, unterhalb der Einmündung des obigen Nebentälchens. Bachufer, an und um alten Stubben. Himbeere, Urtica, Chaerophyllum.

Es scheint sicher, daß an dem Berg nur die Nacktschnecken in ihrem Vorkommen nicht beeinträchtigt sind. Ausgenommen die anspruchsvollere *Clausilia parvula*, die aber nur an einem engbegrenzten Ort nachgewiesen ist, sind von den schalentragenden Schnecken nur relativ anspruchslose Arten gefunden worden. Vermutlich kommt auch *Laciniaria biplicata* noch vereinzelt im Gelände vor, da sie ja nicht an ein steiniges Substrat gebunden ist. Die eine oder andere Art kann sich unter günstigen Umständen lokal auch gut vermehren (einmal war *Vitrina pellucida*, einmal *Discus rotundatus* und einmal *Succinea putris* in Anzahl vorhanden), aber im ganzen ist der Burgberg sicher kein Schneckenparadies. Was MARTENS und GOLDFUSS sonst noch nennen, stammt dann wohl doch wenigstens größtenteils aus dem Anna- und Mariental? Von *Euomphalia strigella* ist schon gesagt, daß sie gar nicht in das Gelände paßt und höchstwahrscheinlich mit Kalksteinen in einen Steingarten eingeschleppt worden ist. Die beiden Autoren nennen von der Wartburg auch Waldschnecken wie *Ena obscura* und *Helicodonta obvoluta*, die ich bisher auch noch nie im Gebiet des Rotliegenden gefunden habe, obwohl sie in den benachbarten Muschelkalk- und Dolomitgebieten häufig sind, auch BOETTGER (1877) erwähnt sie nicht vom Annatal, ebensowenig JAECKEL (1953) von der Drachen- und Landgrafenschlucht. Dann erscheint verwunderlich, daß GOLDFUSS von der Wartburg noch *Cochlodina orthostoma* (Gewährsmann ANGERMEYER, Gotha) und *Clausilia dubia* (Gewährsmann JÄNNER, Sättelstedt) angibt. Dazu übernimmt er von MARTENS *Balea perversa*. Dazu kommt *Helicigona lapicida*, von LAPPE und MARTENS angegeben. Diese vier Arten sind von Natur Felsbewohner, die gelegentlich auch entweder auf Mauern oder Baumstämme übergehen können. Sollten diese alle seit der Instandsetzung von der Wartburg verschwunden sein?

Ein Zufall wies mich auf einige weitere Fundorte hin. Am Westfuß des Wartburg-Berges führt neben der Straße nach Förtha auch die Eisenbahnstrecke nach Gerstungen entlang. Diese verläuft auf einem Damm, der zwischen Eisenach-West und dem Bogen des Tales, der Straße und der Bahnlinie nach Westen insgesamt 4 Durchlässe hat, von denen einer noch im Stadtgebiet liegt. Diese sind in den Abmessungen verschieden, aber übereinstimmend aus Rotliegendem-Konglomerat gemauert. An manchen Stellen ist der Mörtel aus den Ritzen gefallen, und dort, an den Stützmauern der Dammböschung, wachsen aus den Mauerritzen verschiedene Kräuter, ja auch kleine Sträucher. Auch ist der Fuß der Stützmauern von einem schmalen Streifen Krautvegetation beschattet, wobei hin und wieder ein Strauch dazwischen aufwächst. Das sind also auch Stellen, wo sich Schnecken ansammeln können, seien sie nun aus der Umgebung oder verschleppt, und es lohnt sich immer, solche Stellen zu untersuchen.

Tabelle 4. Eisenbahnunterführungen am Westfuß des Wartburg-Berges.

7) Unterführung zum Steinbachtal (Herrenwiese) (wegen einer Kurve ist der überbrückte Teil besonders lang).
7a) Westseite, Nordwand, hinter niedrigem Krautbestand und einem Holunderbusch, mit Lampsana und Moosen.
7b) Westseite, Südwand, hinter Chaerophyllum und Impatiens noli-tangere, mit Farnen und Moosen.
7c) Ostseite, Nordwand, hinter niedrigem Krautbestand, mit Chelidonium und Farnen.
7d) Ostseite, Südwand, hinter Urtica, Aegopodium podagraria, Impatiens noli-tangere, mit Holunderbüschen, Campanula rotundifolia und Farnen.
8) Unterführung zum Silbergraben (der überbrückte Teil ist nicht länger als für eine zweigleisige Eisenbahnlinie nötig).
8e) Westseite, Nordwand, hinter Urtica und Schlehdorn, mit Efeu und Chelidonium.
8f) Westseite, Südwand, hinter Urtica, mit Campanula und Chelidonium.
8g) Ostseite, Nordwand, hinter Urtica und Stachys, Mauerwerk fast unbewachsen (die Südwand erbrachte kein Ergebnis).
9) Straßenunterführung. Die Straße verläuft von Süden neben der Bahnlinie auf deren Westseite, führt mit einer S-Kurve unter ihr hindurch und östlich neben ihr weiter. Neben ihr fließt der Rote Bach durch den Durchlaß, deshalb waren die nördlichen Stützmauern unzugänglich.

9h) Westseite, Südwand, am Fuß kaum Krautwuchs, von oben durch überhängendes Gebüsch beschattet.
9i) Ostseite, Südwand. An Wand und Fuß wenig Bewuchs, Schnecken ziemlich vereinzelt.

		7a	7b	7c	7d	8e	8f	8g	9h	9i
	Succinea putris	—	—	1	1	—	—	—	—	—
	Discus rotundatus	—	—	—	2	—	2	—	2	2
	Arion rufus (juv.)	3	—	—	—	—	—	—	3	3
!	*Arion hortensis*	—	—	—	—	—	—	—	4	4
	Vitrina pellucida	—	—	—	—	—	—	—	—	5
	Aegopinella nitidula	6	—	—	6	—	—	—	—	—
	Oxychilus cellarius	—	—	—	—	—	7	—	—	—
	Boettgerilla pallens	—	8	—	—	—	—	—	—	—
+	*Milax rusticus*	—	—	—	9	—	—	—	—	—
	Deroceras aff. *reticulatum*	10	—	—	—	—	—	—	10	10
	Cochlodina laminata	11	11	11	—	11	11	11	11	—
+	*Clausilia parvula*	12	12	12	12	—	12	—	—	—
	Laciniaria biplicata	—	—	—	13	13	13	—	13	13
+	*Balea perversa*	—	—	—	—	—	—	—	14	—
	Perforatella incarnata	15	—	15	15	—	15	—	—	—
	Trichia hispida	16	16	16	16	—	—	—	16	16
+	*Helicigona lapicida*	17	—	17	17	17	—	17	17	—
+	*Helix pomatia*	—	—	—	—	—	18	—	18	18
!	*Pisidium personatum*	—	—	19	—	—	—	—	—	—
	Artenzahl:	8	4	7	9	3	7	2	10	8

Mit ! habe ich zwei Arten bezeichnet, die nicht in die Fauna gehören. *Arion hortensis* ist eine Art mit Ruderalbedeutung, sie muß von den Gärten am Stadtrand hereingeschleppt worden sein. Das *Pisidium*-Ex. fand ich lebend in feuchter Erde unter der Mauer. Es stammt vermutlich aus dem Steinbach, aber von der Art ist ja bekannt, daß sie auch in feuchter Erde leben kann. Mit + habe ich alle die Arten bezeichnet, die nur deshalb hier leben können, weil der Kalk im Mörtel die Lebensbedingungen verbessert. Darunter ist nun auch *Balea* und *Helicigona lapicida*, die damit in der Umgebung der Wartburg ebenfalls lokalisiert sind. *H. lapicida* ist im benachbarten Kalkgebiet allgemein verbreitet. *Balea* hingegen ist selten. Ich kenne als nächstgelegenen Fundort nur den Altensteiner Park, wo sie sich am Dolomitfelsen „Hohler Stein" in Anzahl findet. Hier kam sie am Mauerwerk nur an einer Stelle in ganz wenigen Stücken vor.

Hingegen ist es mir nicht gelungen, *Clausilia dubia* und *Cochlodina orthostoma* im Wartburggebiet zu finden. Ich halte beides, zumal die Angaben nicht von MARTENS stammen, für Irrtümer. Sie sind auch im Kalkgebiet nur an wenigen Stellen zu finden, kommen aber beide u. a. am W a r t b e r g bei Thal vor (ZEISSLER 1957). *C. orthostoma* gibt GOLDFUSS außerdem von dort an und nennt als Gewährsmann GERBING (Schnepfenthal). Wie leicht ist eine Verwechslung so ähnlich lautender Ortsbezeichnungen möglich, wenn handschriftliche Mitteilungen vorliegen, und nähere Bezeichnungen („bei Eisenach" oder „bei Thal") weggelassen werden.

Zusammenfassung

In der älteren Literatur werden relativ viele Schneckenarten von der Wartburg angegeben, darunter auch eine Reihe teils ziemlich anspruchsvoller Felsenschnecken. Da an den Felsen des Rotliegenden, aus dem der Wartburg-Berg sowie seine nähere Umgebung besteht, erfahrungsgemäß gar keine Schnecken leben (über eine Ausnahme unterhalb des Wartburg-Hotels wurde hier berichtet), sind die Felsenbewohner hier alle am Mauerwerk zu suchen. In der Tat könnten an der Burg selbst, ehe sie gründlich restauriert wurde, z. B. die von LAPPE (1871) erwähnten *Laciniaria biplicata* und *Helicigona lapicida* und auf den Maueroberkanten die von O. BOETTGER erwähnten Kleinschnecken gelebt haben. Diese können aber heute dort nicht mehr vorkommen. *Clausilia parvula* hält sich am Felsen unterhalb des Hotels zusammen mit *L. biplicata* auf einer sehr kleinen algenbewachsenen Stelle. *Balea perversa* und *Helicigona lapicida* leben heute nur noch an den gemauerten Eisenbahnunterführungen am Westfuß des Wartburg-Berges. Da MARTENS (1877) als Sammelgebiet ausdrücklich den östlichen Berghang zum Marien- und Annatal einbezieht, wird man vermuten dürfen, daß ein Teil der selteneren Waldschnecken aus diesen Tälern stammt. Da er aber sein Sammelgebiet um die Wartburg nicht fest abgrenzte, muß man annehmen, daß er einige Arten, die nicht auf Rotliegendem vorkommen, im benachbarten Kalkgebiet (Johannistal) gefunden hat. Zwei Arten, die nur von GOLDFUSS angegeben werden, müssen als Irrtümer angesehen werden, denn sie können nicht auf Rotliegendem vorkommen, sind aber vom Wartberg bei Thal nachgewiesen.

Summary

LAND SNAILS ON THE WARTBURG MOUNTAIN NEAR EISENACH

In the publications to the end of the last century a lot of snail species are mentioned, among them some rather seldom rock dwellers. As rock snails normally do not live on rocks of Permian Red Conglomerate, they are to be sought on old walls. There is one exception, a small part covered by algae where *Clausilia parvula* and *Laciniaria biplicata* were found living beneath the Wartburg-Hotel under special conditions.

There may have been some further rock snails at the castle walls before the restauration was done. Now the buildings are no more a snail biotope. *Balea perversa* and *Helicigona lapicida* now are to be found west of the mountain on the walls of some railroad subways that are made of the same red stone. Still other rarities must be sought in the farther surroundings. *Cochlodina orthostoma* and *Clausilia dubia* mentioned only by GOLDFUSS (1900) must be an error at all, these are found on the Wartberg near Thal on dolomitic rocks.

Résumé

DES GASTÉROPODES TERRESTRES DE LA MONTAGNE DU CHÂTEAU DE „WARTBURG" PRÈS D'EISENACH

Les anciens auteurs ont nommé beaucoup d'espèces de la Wartburg, et parmi eux aussi des espèces plus rares et délicates. Spécialement les habitants des rocs calcaires ne peuvent pas vivre sur le conglomérate rouge du perm, dont le montagne et ses environs voisins se composent. C'est pourquoi on les doit chercher sur des vieilles murailles. Vraiment plusieurs espèces peuvent avoir vit aux murs du château avant qu'il était restauré entièrement. À présent il n'y a point de gastéropodes aux édifices. *Clausilia parvula* et *Laciniaria biplicata* ont été trouvées seulement à une petite partie du roc sous l'hôtel, sous des conditions spéciales.

Balea perversa et *Helicigona lapicida* n'occurent seulement au pied d'ouest de la montagne aux murs des traverses maçonnées sous le chemin de fer. Tous les autres espèces mentionnées par des anciens auteurs doivent être cherchées dans les environs plus loin. *Cochlodina orthostoma* et *Clausilia dubia* doivent être mentionnées d'ici seulement par erreur, elles ont été trouvées sur le montagne de Wartberg, près de Thal, pas sur la Wartburg près d'Eisenach.

Literatur

BOETTGER, O., 1877: Zur Fauna von Eisenach. – Nachrbl. Deutsch. Malak. Ges., **9**: 97–98.

GOLDFUSS, O., 1900: Die Binnenmollusken Mitteldeutschlands. Leipzig.

JAECKEL, S. H., 1953: Mollusken aus Mitteldeutschen Gebirgen. – Mitt. Berliner Malakologen, **1** (4): 3–7.

LAPPE, C. TH., 1871: Zusammenstellung der Conchylien, welche bisher im Umkreis von Neudietendorf im Herzogtum Gotha und den angrenzenden Ländern Thüringens, besonders auf der nordwestlichen Hälfte des Thüringer Waldes gefunden wurden. – Nachrbl. Deutsch. Malak. Ges., **3**: 103–106.

MARTENS, E. v., 1877: Die Schneckenfauna des Thüringer Waldes. – Jahrb. Deutsch. Malak. Ges., **4**: 213–237.

ZEISSLER, H., 1957: Die rezenten Schneckenfaunen der westthüringischen Zechstein-Dolomit-Berge. – Arch. Moll., **86**: 151–165.

—, 1976: Schnecken aus drei Felsentälern im Eisenacher Rotliegenden. – Malak. Abh. Mus. Tierk. Dresden, **5** (2): 21–31.

Anschrift der Autorin:

Dr. H. Zeißler, DDR – 7022 Leipzig, Michael-Kazmierczak-Straße 3.

MALAKOLOGISCHE ABHANDLUNGEN

STAATLICHES MUSEUM FÜR TIERKUNDE IN DRESDEN

Band 6 Ausgegeben: 28. Mai 1980 Nr. 18

Molluskengesellschaften der Stubnitz (Rügen)

GERHARD KÖRNIG
Halle/S.

Die durch landschaftliche Schönheit, Vielgestaltigkeit und Urwüchsigkeit ausgezeichnete Stubnitz, der östliche, vorwiegend bewaldete Teil der Rügenhalbinsel Jasmund, besitzt nicht nur hohen Erlebniswert, sondern bietet auch dem Malakologen einen besonderen faunistischen Reiz. Landschaft, Klima und Boden schaffen eben gerade für Mollusken optimale Bedingungen, so daß es sich lohnt, die unterschiedlichen Standorte auf ihre Artenzusammensetzung zu untersuchen.

In den fünfziger Jahren haben sich besonders PLATE (1954 u. 1955/56) und SCHMIDT (1955) um die mecklenburgische Molluskenfauna gerade auch im Küstenbereich bemüht. Über die Stubnitz gibt es jedoch nur Fundortangaben einzelner Arten. Eine zusammenfassende Faunendarstellung dagegen fehlt bislang. Mit der vorliegenden Studie soll versucht werden, eine Gliederung der Molluskenfauna in ökologisch definierte Gesellschaften vorzunehmen. Dazu liegen wiederholte Untersuchungen aus den Jahren 1967 bis 1970 vor.

Landschaft und Klima

Die Landschaft besteht aus einer plateauartigen Hochfläche, die mit einer Steilküste von 35 bis 120 m Höhe zur Ostsee abbricht. Infolge starker Durchfeuchtung der relativ weichen Gesteine (Kreide, Geschiebemergel, Sande) ist dieses Plateau durch die zur Ostsee abfließenden Bäche stark zerschnitten und gegliedert. Diese Bäche bilden anfangs flache Talmulden, führen aber im Unterlauf zur Ausbildung tief eingeschnittener Kerbtäler. Durch Abbrüche zeigen die oft klammartigen Schluchten eine ständige Veränderung. Die stark kalkhaltigen, kalten Bäche führen in den Talsohlen zu terrassenförmigen Kalktuffablagerungen. In einigen vermoorten Senken auf dem Plateau erfolgt kein oberirdischer Abfluß.

Das Klima ist stark maritim getönt. Es herrscht Ostseeküstenklima mit einer mittleren jährlichen Niederschlagsmenge von rund 600 mm. Die mittlere Jahrestemperatur beträgt 7,8 °C. Mit einer thermischen Kontinentalität von 22–23 % wird einer der geringsten Werte in der DDR erreicht. Der maritime Charakter des Großklimas kommt vor allem in der hohen relativen Luftfeuchtigkeit von mehr als 85 % zum Ausdruck. Diese Klimawerte werden jedoch durch die reiche Landschaftsgliederung verändert. Besonders die Standorte der schluchtartigen Kerbtäler und die unterschiedlich exponierten Hänge schaffen ein recht differenziertes Bild standortklimatischer Verhältnisse. Bereits seit 1935 ist der größte Teil der Stubnitzlandschaft zum Naturschutzgebiet „Jasmund" erklärt worden.

Tabelle 1. *Lauria cylindracea-Spermodea lamellata*-Gesellschaft.

Arten		Stu	Teu	St	Kol	Bri	Lee	%	Ökol. Verteilung
1. *Lauria cylindracea* (DA COSTA)	atl	.	1		.	1	1	50	atl. Kalktuff-
2. *Spermodea lamellata* (JEFFR.)	atl	3	3	3	.	2	2	83	Gründchen-
3. *Iphigena ventricosa* (DRAP.)	eu	4	4	4	4	1	4	100	wälder
4. *Oxychilus alliarius* (MILL.)	atl	2	2	2	2	1	2	100	Buchensteil-
5. *Clausilia dubia* (DRAP.)	m	.	1	.	.	.	.	17	hang- und
6. *Clausilia cruciata* (STUDER)	b-a	.	1	.	.	.	.	17	Schluchtwälder
7. *Laciniaria cana* (HELD)	o	.	2	2	1	4	.	67	
8. *Laciniaria plicata* (DRAP.)	m	3	3	3	4	3	3	100	Steilhänge
9. *Helicigona lapicida* L.	w-m	4	2	4	4	4	4	100	u. Felsen
10. *Vertigo pusilla* (O. F. MÜLL.)	eu	.	.	1	1	.	.	33	mesophile sub-
11. *Clausilia bidentata* (STRÖM)	atl	3	3	3	3	4	4	100	atl. Buchen-
12. *Iphigena plicatula* (DRAP.)	m	2	3	3	3	3	.	83	wälder
13. *Carychium tridentatum* (RISSO)	s	3	3	1	3	.	2	83	mesophile
14. *Columella edentula* (DRAP.)	hol	1	2	3	.	.	1	67	Laubwälder
15. *Acanthinula aculeata* (O. F. MÜLL.)	eu	.	.	1	.	.	2	33	
16. *Ena obscura* (O. F. MÜLL.)	eu	.	2	3	2	3	2	83	
17. *Vitrea contracta* (WESTERLUND)	eu	.	1	.	.	.	.	17	
18. *Aegopinella pura* (ALDER)	m	2	2	.	.	2	3	67	
19. *Cochlodina laminata* (MONTAGU)	eu	4	3	4	4	4	4	100	
20. *Carychium minimum* (O. F. MÜLL.)	n	1	1	2	3	3	3	100	Feucht- und
21. *Vitrea crystallina* (O. F. MÜLL.)	eu	3	3	2	2	2	3	100	Auewälder
22. *Aegopinella nitidula* (DRAP.)	nw	4	3	3	3	2	2	100	
23. *Bradybaena fruticum* (O. F. MÜLL.)	eu-as	.	2	.	.	.	.	17	
24. *Arianta arbustorum* L.	n-m	3	4	4	4	3	4	100	
25. *Perforatella bidentata* (GMEL.)	o	.	.	.	S	S	4	50	Erlenbrüche
26. *Galba truncatula* (O. F. MÜLL.)	hol	2	.	.	2	1	1	67	Naßbiotope,
27. *Vertigo substriata* (JEFFR.)	b-a	.	2	1	.	.	.	33	Riede, Brüche
28. *Deroceras laeve* (O. F. MÜLL.)	hol	.	.	.	.	2	.	17	
29. *Zonitoides nitidus* (O. F. MÜLL.)	hol	.	.	.	1	.	1	33	
30. *Oxychilus cellarius* (O. F. MÜLL.)	eu	.	1	1	1	2	1	83	mitteleuro-
31. *Perforatella incarnata* (O. F. MÜLL.)	m	3	3	3	3	3	3	100	päische Laub-
32. *Trichia hispida* L.	eu	4	3	4	3	3	4	100	wälder
33. *Cepaea hortensis* (O. F. MÜLL.)	m	3	2	3	2	3	3	100	
34. *Cochlicopa lubrica* (O. F. MÜLL.)	hol	2	3	2	3	1	2	100	Wälder und
35. *Euconulus fulvus* (O. F. MÜLL.)	hol	.	3	.	1	3	2	67	sonstige Bio-
36. *Discus rotundatus* (O. F. MÜLL.)	w-m	3	3	3	3	3	2	100	tope
37. *Arion rufus* L.	w-m	4	3	3	2	3	1	100	
38. *Arion circumscriptus* (JOHN.)	m	.	1	.	.	1	.	33	
39. *Arion subfuscus* (DRAP.)	eu	.	2	.	.	.	1	33	
40. *Arion hortensis* (FÉRUSSAC)	sw	.	.	1	1	.	.	33	
41. *Vitrina pellucida* (O. F. MÜLL.)	hol	.	2	.	.	.	.	17	
42. *Nesovitrea hammonis* (STRÖM)	hol	.	.	.	3	.	1	33	
43. *Limax cinereoniger* (WOLF)	eu	.	.	1	.	.	.	17	
44. *Lehmannia marginata* (O. F. MÜLL.)	eu	.	2	2	.	.	2	50	
45. *Pisidium personatum* (MALM)	eu	.	1	.	.	.	.	17	
Artenzahl:		22	36	29	28	28	31		

Zu den Tabellen 1–4:
Das Erfassen der Mollusken erfolgte durch mehrmaliges Absammeln der Biotope im Verlauf von 4 Jahren. Die Ziffern in der Artenliste bedeuten Häufigkeitswerte: 5 – massenhaft; 4 – häufig; 3 – regelmäßig, aber nicht häufig anzutreffen; 2 – vereinzelt, zerstreut; 1 – sehr selten, oft nur 1 Exemplar; S – nur als Schale, nicht lebend gefunden. Hinter den Artennamen wird die geographische Verbreitung durch Abkürzungen ausgewiesen.

Die Vegetation

Die Leitgesellschaft des Stubnitzplateaus ist ein Zahnwurz-Buchenwald (Dentario-Fagetum sylvaticae), der standortlich bedingte Untergesellschaften bildet. Bestandsbildende Pflanzen der Feldschicht sind Melica uniflora, Stellaria holostea, Galium odoratum, Dentaria bulbifera und Festuca altissima. Auf ärmeren Böden bestimmen Waldschwingel, Hainsimse und Siebenstern den Bestand.

In den Senken auf tiefgründigen lehmig-mergeligen Böden bildet sich der Eschen-Buchenwald (Impatienti-Fagetum) aus mit Berg- und Spitzahorn, Esche, Primula elatior, Pulmonaria officinale, Mercurialis perenne, Ficaria verna, Stachys silvatica und Brachypodium silvaticum. Diese Formation geht an den Unterhängen der Täler und auf den Hangfußstandorten in den Ahorn-Eschenwald über. Auch hier entwickeln sich verschiedene Ausbildungsformen, bei denen die Heckenkirsche (Lonicera xylostoma), der Efeu (Hedera helix), der Schneeball (Viburnum opulus) und an den Hängen die Alpen-Johannisbeere (Ribes alpinum) die Strauchschicht bestimmen. In der Feldschicht treten Urtica dioica, Impatiens noli-tangere, Galium aparine, Circaea lutetiana, Mercurialis perenne hervor. An den extrem feuchten Stellen finden sich Eupatorium cannabinum, Carex pendula, Athyrium filix-femina neben Equisetum telmateja als Besonderheit ein. Die Kalktuffterrassen sind durch eine dichte, stark zersetzte Buchenlaubauflage gekennzeichnet. Hier tritt besonders das Moos Cratoneuron commutatum als wichtiger Tuffbildner auf. Es wird begleitet von Cardamine amare und Chrysosplenium oppositifolium.

Im Bereich der Quellmulden im Oberlauf der Bäche und in abflußlosen Senken bilden sich Erlenbrüche aus, deren Boden einen milden Humus enthält und die somit eine eutrophe Ausbildung erfahren. In waldfreien Quellsümpfen haben sich Großseggen-Gesellschaften mit Carex paniculata und Carex appropinquata ausgebildet. Einige solcher Quellmoore zeigen Entwicklungen zu Zwischen- und Hochmooren.

An den wärmebegünstigten Küstenhängen stockt ein thermophiler Kalkbuchenwald, in dem sich eine Reihe submediterraner und kontinentaler Pflanzen einfindet. Als weitere Holzarten treten Taxus baccata, Pyrus pyraster, Viburnum opulus, Cornus sanguinea und Sorbus torminalis auf. Die Feldschicht wird durch eine Anzahl von Orchideen, Campanula persicifolia, Cynanchicum vincetoxicum, Hepatica nobilis, Origanum vulgare und Galium verum bestimmt. Diese Gesellschaft bildet in extrem steilen Lagen buschwaldähnliche Bestände aus. Hier spricht man von einem Sorbo torminalis-Fagetum.

Die Molluskengesellschaften

1. Die Lauria cylindracea-Spermodea lamellata-Gesellschaft atlantischer Kalktuff-Gründchenwälder (Tabelle 1)

Diese Molluskengesellschaft ist ohne Zweifel die charakteristische Assoziation der Stubnitztäler und wegen der einmaligen Konzentrationsmöglichkeit auf Grund optimaler Bedingungen die typische Gesellschaft entsprechender Ostseeküstenbiotope überhaupt. Durch *Lauria cylindracea* und *Spermodea lamellata* ist die Gesellschaft eindeutig charakterisiert. Beide Arten sind sowohl tiergeographisch als auch ökologisch typisch für diese Standorte; sie sind auch soziologisch fest und biotoptreu.

Lauria cylindracea zeigt eine atlantisch-westmediterrane Verbreitung. In diesem Areal ist ihr ökologisches Verhalten jedoch uneinheitlich. Nach ANT (1963) kommt sie im Rheingebiet auch an weniger feuchten Stellen wie Felsen, Mauern und in hohlen Bäumen vor. Ich selbst fand sie am Boden eines feuchten, aber keineswegs nassen Auewaldes am Ropotamo in der VR Bulgarien im submediterranen Gebiet. So ist ihre Biotoptreue nur regional gegeben. In der Stubnitz ist sie vorwiegend auf quelligen, überrieselten Böden zu finden.

Die ebenfalls atlantisch verbreitete *Spermodea lamellata* besiedelt vorwiegend die Feucht- und Naßbiotope der Küstenländer. Ihr Biotop, die nassen Laublagen der Quelltuffterrassen, ist somit typisch. Vereinzelt dringt sie in frische Laubwälder vor, die aber auch noch im Küstenbereich liegen (SCHMIDT 1955).

Ebenfalls treu und hochkonstant erscheint die europäisch verbreitete *Iphigena ventricosa*. Sie ist die bestimmende Art mitteleuropäischer Bach-Eschenwälder. Durch sie kann die vorliegende Gesellschaft den Faunen der Bach-Eschenwälder in den Hügel- und Bergländern Mitteleuropas angegliedert werden. Die *L. cylindracea-S. lamellata*-Gesellschaft stellt offenbar die nördliche, atlantische Variante dar. *Iphigena ventricosa* erscheint so als überregionale Charakterart. HÄSSLEIN nennt sie als Assoziationscharakterart für entsprechende Wälder im schwäbischen Lechtal (1955), in den Landschaften an der Pegnitz (1960) und im Siebengebirge (1961). Im Harz und in Thüringen ist sie nach eigenen Funden neben *Azeca menkeana* die am stärksten typische Art der Bach-Eschenwälder. – *Iphigena ventricosa* hält sich vorwiegend am Boden zwischen Pflanzen und Laub oder unter herabgefallener Borke auf.

Der Gesellschaft gehören weitere ökologisch unterschiedliche Gruppen an, die in den Erosionstälern ihre Ansprüche verwirklicht finden.

Die Gruppe der Bewohner von Buchensteilhang- und Schluchtwäldern besitzt besondere Bedeutung, da sie Charakterarten von Biotopen des Binnenlandes enthält. Eine Stetigkeit von 100 % erreicht der atlantische *Oxychilus alliarius*. Diese Art, in Westeuropa in Feuchtwäldern verstreut vorkommend, konzentriert sich im Harz in den Schluchtwäldern. Der Hangcharakter mit reichlich Fallholz sowie die durch Stauluft entstehende Schluchtwaldatmosphäre der Erosionstäler schaffen für *Clausilia cruciata* und *Clausilia dubia* Bedingungen entsprechender Täler im Harz. Allerdings sind beide Arten auf Rügen recht selten; sie werden bei den vorliegenden Untersuchungen lediglich durch je einen Fund belegt. Dagegen ist *Laciniaria cana* mit 67 % deutlich häufiger als in den Harzschluchtwäldern. Alle drei Arten bevorzugen Baumstämme als Aufenthalt.

Die Gruppe der petrophilen Arten ist durch *Laciniaria plicata* und *Helicigona lapicida* vertreten. *Laciniaria plicata* ist häufiger an steinigen Böden und felsigen Hängen zu finden als in reinen Pflanzenbeständen. Deutlicher bevorzugt *Helicigona lapicida* Felsen und steinige Hänge.

Arten mesophiler Buchenwälder sind *Vertigo pusilla, Clausilia bidentata* und *Iphigena plicatula*. Dabei kennzeichnet *Clausilia bidentata* die subatlantische Tendenz dieser Gruppe. Ihre Bindung an spezifische Biotope ist nicht so deutlich.

Ökologisch noch weniger festgelegt ist die Artengruppe, die in allen mesophilen Wäldern mehr oder weniger regelmäßig vertreten ist.

Neben den Arten mesophiler Wälder finden sich aber auch hygrophile Schnecken, die regelmäßig in Feucht- oder Auewäldern vorkommen: *Carychium minimum, Vitrea crystallina, Aegopinella nitidula, Bradybaena fruticum* und *Arianta arbustorum*. Als Charakterart eutropher Erlenbrüche wandert *Perforatella bidentata* aus benachbarten Biotopen ein und findet auch an bestimmten Stellen der Erosionstäler ausreichende Lebensbedingungen. Mit ihr sind auch andere Arten von Naßbiotopen deutlich vertreten, so die Wasseroberflächenschnecke *Galba truncatula, Deroceras laeve* und *Zonitoides nitidus*. Diese vier nässeliebenden Arten halten sich an den quelligen, wasserführenden Standorten der Tälchen auf.

Den Rest der Gesellschaft stellen allgemeiner verbreitete Arten mit meist euryöken Ansprüchen.

Mit 45 Arten, von denen 16 mit 100 % und 5 über 80 % Stetigkeit vertreten sind, stellt die Gesellschaft der Erosionstäler sowohl quantitativ als auch qualitativ einen Konzentrationspunkt im ansonsten landschneckenarmen nördlichen Mitteleuropa dar. Die Ursache liegt darin, daß die Standorte kalkreich sind und regelmäßig durchfeuchtet werden. Durch die Geländegliederung werden zusätzlich differenzierte Bedingungen geschaffen, die auch einer üppigen und artenreichen Flora Entwicklungsmöglichkeiten bieten.

Untersuchte Biotope der *Lauria cylindracea-Spermodea lamellata*-Gesellschaft:

1. Stubbenhörn (Stu):
Kleines Erosionstal nordwestlich des Teufelsgrundes, Steilabfall nach Norden, Ahorn-Eschenwald.

2. Teufelsgrund (Teu):
Erosionstal eines nach Norden abfließenden Baches, steiler schluchtartiger Abfall nach NNO, anmooriger Boden mit Kalktuffterrassen, Eschenquellmoor mit Übergang zum Ahorn-Eschenwald.

3. Steinbachtal (St):
Erosionstal des Steinbaches südlich des Königstuhls, Steilabfall nach Osten, Ahorn-Eschenwald.

4. Kollicker Bach (Kol):
Erosionstal ca. 2 km südöstlich des Königstuhls, Ahorn-Eschenwald.

5. Brisnitzer Bach (Bri):
Tiefes, schluchtartiges Erosionstal am Zusammenfluß des Kieler und des Brisnitzer Baches, einzelne tiefgründige, anmoorige Quellhorizonte mit Kalktuffterrassen, Eschenquellmoor mit Übergang zum Alpen-Johannisbeer-Buchenwald.

6. Leescher Bach (Lee):
Breite Quellterrasse mit Kalktuffbildung, umgeben von steilen, bewaldeten Hängen nördlich der Waldhalle und der Wissower Klinken, Talöffnung nach Osten, Eschenquellmoor mit Übergang zum Ahorn-Eschenwald.

2. Gastropodengesellschaften der Wälder in Plateaulage

(Tabelle 2)

In den Zahnwurz-Buchenwäldern auf dem Stubnitzplateau verarmt die Gastropodenfauna sowohl an Arten als auch an Individuen. Es fehlen vor allem Arten mit spezifischen Ansprüchen, so daß von keiner charakteristischen Gesellschaft gesprochen werden kann. Bestimmend werden Arten mit geringeren ökologischen Ansprüchen wie *Clausilia bidentata* und *Oxychilus alliarius*. *Clausilia bidentata* ist für mesophile Buchenwälder des Hügellandes mit subatlantischer Ausbreitungstendenz typisch. Ähnliches Verhalten zeigt *Oxychilus alliarius*. Als euatlantische Art beansprucht er offenbar höhere Luftfeuchtigkeit,

Tabelle 2. Gastropodengesellschaften der Wälder in Plateaulage.

Arten		Zahn-wurz-Buchenw.	Erlen-Eschen-wald	Ökol. Verteilung
1. *Oxychilus alliarius* (MILL.)	atl	1	1	Schlucht- u. sub-
2. *Clausilia bidentata* (STRÖM)	atl	2	3	atl. Buchenwälder
3. *Aegopinella pura* (ALDER)	m	2	2	mesophile Laub-
4. *Cochlodina laminata* (MONTAGU)	eu	2	4	wälder
5. *Carychium minimum* (O. F. MÜLL.)	n	.	3	Feucht- und Aue-
6. *Succinea putris* L.	eu-as	.	3	wälder
7. *Vitrea crystallina* (O. F. MÜLL.)	eu	1	3	
8. *Aegopinella nitidula* (DRAP).	nw	.	4	
9. *Arianta arbustorum* L.	n-m	1	3	
10. *Perforatella incarnata* (O. F. MÜLL.)	m	1	3	mitteleuropäische
11. *Trichia hispida* L.	eu	.	3	Laubwälder
12. *Cepaea hortensis* (O. F. MÜLL.)	m	.	2	
13. *Cochlicopa lubrica* (O. F. MÜLL.)	hol	.	2	Wälder und son-
14. *Euconulus fulvus* (O. F. MÜLL.)	hol	1	.	stige Biotope
15. *Discus rotundatus* (O. F. MÜLL.)	w-m	2	3	
16. *Arion rufus* L.	w-m	3	3	
17. *Arion circumscriptus* (JOHN.)	m	1	.	
Artenzahl:		11	15	

ist daher weniger häufig und konzentriert sich im Binnenland stärker auf Täler und Schluchten. Beide Schneckenarten unterstreichen aber den atlantischen Charakter der Stubnitz-Buchenwälder. Die übrigen Arten zeigen eine noch weitere ökologische Amplitude und sind dadurch in verschiedenen Biotopen anzutreffen.

Die vorliegende Aufnahme wurde zwischen Königstuhl und Herta-See gemacht und ist typisch für den gesamten Zahnwurz-Buchenwald.

Eine Bereicherung erfährt die Schneckenfauna in den feuchteren Senken, die von einem Erlen-Eschenwald besiedelt werden. Hier liegt eine Aufnahme von der Umgebung des Herta-Sees vor. Die Buchenwaldarten werden hier individuenreicher. Die Gesellschaft wird aber zusätzlich durch Arten der Feucht- und Auewälder bereichert. So werden *Carychium minimum, Vitrea crystallina, Aegopinella nitidula, Succinea putris, Trichia hispida* und *Arianta arbustorum* zu den häufigsten Arten, während sie im Buchenwald fehlen oder nur verstreut vorkommen. Jedoch eine durch Charakterarten bestimmte Gesellschaft entwickelt sich auch in den Erlen-Eschenwäldern nicht.

3. Gastropodengesellschaften der Naßbiotope (Tabelle 3)

Anders verhält es sich in den ausgesprochen nassen und offenen Biotopen der Erlenbrüche und Riedwiesen. Hier liegen folgende drei Aufnahmen vor, die allerdings nicht alle aus dem Naturschutzgebiet stammen.

1. Erlenbruch am Brisnitzer Bach (Bri):
Mehrere offene Stellen am Oberlauf des Brisnitzer Baches, anmooriger Boden, Erlenbruch mit Übergängen zum Großseggenried.

2. Erlenbruch bei Blandow (Bla):
Eutropher Erlenbruch mit Übergängen zum Großseggenried in der Nähe eines ehemaligen Torfstiches, anmooriger Boden.

Tabelle 3. Gastropodengesellschaften der Naßbiotope.

Arten		Bri	Bla	Hag	Ökol. Verteilung
1. *Perforatella bidentata* (GMEL.)	o	2	3	.	Erlenbrüche
2. *Vertigo angustior* (JEFFR.)	eu	.	1	.	Naßwiesen- und Röhrichte
3. *Vertigo antivertigo* (DRAP.)	hol	3	.	3	
4. *Vertigo substriata* (JEFFR.)	b-a	.	2	.	
5. *Nesovitrea petronella* (PFEIFF.)	b-a	.	3	1	
6. *Zonitoides nitidus* (O. F. MÜLL.)	hol	3	3	.	
7. *Deroceras laeve* (O. F. MÜLL.)	hol	1	2	3	
8. *Galba truncatula* (O. F. MÜLL.)	hol	3	.	.	flache Binnengewässer
9. *Galba palustris* (O. F. MÜLL.)	hol	2	.	.	
10. *Pisidium personatum* (MALM)	eu	.	.	3	
11. *Pupilla muscorum* L.	hol	.	1	.	Rasenbiotope
12. *Vallonia pulchella* (O. F. MÜLL.)	hol	.	3	.	
13. *Vallonia costata* (O. F. MÜLL.)	hol	.	2	.	
14. *Succinea oblonga* (DRAP.)	eu-as	.	1	.	
15. *Carychium minimum* (O. F. MÜLL.)	n	4	3	3	Feucht- und Auewälder
16. *Succinea putris* L.	eu-as	4	2	4	
17. *Vitrea crystallina* (O. F. MÜLL.)	eu	2	2	.	
18. *Aegopinella nitidula* (DRAP.)	nw	2	3	.	
19. *Arianta arbustorum* L.	nw	4	3	2	
20. *Clausilia bidentata* (STRÖM)	atl	.	.	2	mesophile Buchenwälder
21. *Iphigena plicatula* (DRAP.)	m	.	.	2	
22. *Columella edentula* (DRAP.)	hol	.	2	.	Wälder
23. *Discus rotundatus* (O. F. MÜLL.)	w-m	1	.	.	
24. *Aegopinella pura* (ALDER)	m	2	.	.	
25. *Oxychilus cellarius* (O. F. MÜLL.)	eu	2	1	1	
26. *Euconulus fulvus* (O. F. MÜLL.)	hol	3	1	4	
27. *Trichia hispida* L.	eu	3	4	.	
28. *Perforatella incarnata* (O. F. MÜLL.)	m	2	1	.	
29. *Cepaea hortensis* (O. F. MÜLL.)	m	.	3	1	
30. *Cochlicopa lubrica* (O. F. MÜLL.)	hol	2	3	2	sonstige Biotope
31. *Vitrina pellucida* (O. F. MÜLL.)	hol	.	2	.	
32. *Nesovitrea hammonis* (STRÖM)	hol	.	2	.	
33. *Arion rufus* L.	w-m	3	4	.	
34. *Arion circumscriptus* (JOHNST.)	m	1	.	.	
Artenzahl:		20	25	13	

3. Großseggenried bei Hagen (Hag):
Typisches Großseggenried am Rande eines Moores, anmooriger Boden.

Alle drei Faunen werden durch einen Block von Arten der Erlenbrüche, Teichröhrichte und Naßwiesen charakterisiert. Charakterart entsprechender eutropher Erlenbrüche ist *Perforatella bidentata*. Als solche folgt sie nicht in das reine Seggenried. Daneben werden *Vertigo angustior* und *Vertigo antivertigo* als Arten der Naßwiesen typisch. Arten der Teichröhrichte vervollständigen das Bild der Gesellschaft: *Nesovitrea petronella*, *Zonitoides nitidus* und *Deroceras laeve*. Mollusken der Flachgewässer unterstreichen die ökologische Komponente großer Bodennässe: *Galba truncatula*, *Galba palustris* und *Pisidium personatum*. Die Verwandtschaft zu Grasbiotopen wird durch *Pupilla muscorum*, *Vallonia pulchella*, *Vallonia costata* und *Succinea oblonga* angezeigt. Konstant erweisen sich die Auewaldarten.

Selbstverständlich lassen sich aus drei Bestandsaufnahmen allein keine Verallgemeinerungen über Molluskengesellschaften der Naßbiotope vornehmen, zumal es sich um unterschiedliche Biozönosen handelt. Ein Vergleich mit Gesellschaften des mitteleuropäischen Raumes läßt jedoch gewisse Analogieschlüsse zu. So liegen den drei Aufnahmen eigentlich zwei unterschiedliche Gesellschaften zugrunde.

Das ist einmal die Gesellschaft der eutrophen Erlenbrüche, die durch *Perforatella bidentata* charakterisiert wird. Diese Assoziation ist in ihrer Zusammensetzung im Harz, in Thüringen und im Bereich der mittleren Saale durch zahlreiche Aufnahmen belegt. Neben *Perforatella bidentata* erscheint keine weitere Art mit entsprechender Konstanz und Biotoptreue. HÄSSLEIN (1960) nennt noch *Nesovitrea petronella* als Charakterart der Erlenbrüche für die Landschaften an der Pegnitz. Für unsere Aufnahmen läßt sich diese Auffassung nicht eindeutig bestätigen. *Perforatella bidentata* kennzeichnet aber auch in der Stubnitz die nach ihr benannte Gesellschaft.

Die andere Gesellschaft bevorzugt Naß- und Riedwiesen. Eine deutliche Trennung zu der Gesellschaft der Teichröhrichte läßt sich nicht klar ziehen. Im Thüringer Becken und im Bereich der mittleren Saale wird diese Gesellschaft durch *Monachoides rubiginosa* charakterisiert. Diese Art fehlt jedoch in diesem Gebiet. HÄSSLEIN beschreibt diese Gesellschaft als *Vertigo genesii*-Gesellschaft für das schwäbische Lechtal (1958) und als *Vertigo genesii-Pupilla madida*-Gesellschaft für das Pegnitzgebiet (1960). Nun wurden in der Tat von PLATE 1948 unweit Lohme am Rande eines Torfstiches leere Schalen von *Vertigo genesii* gefunden, so daß die soziologische Stellung dieser Art gerechtfertigt sein könnte. Allerdings ist *Vertigo genesii* ein Glazialrelikt und offensichtlich im Rückgang begriffen. In den vorliegenden Aufnahmen konnte sie nicht erfaßt werden. Auch die von PLATE in entsprechenden Biotopen Rügens gefundene *Vallonia enniensis* konnte mit den vorliegenden Aufnahmen nicht erfaßt werden.

Beide Gesellschaften der Naßbiotope sind jedoch durch eine Gruppe hygrophiler Arten miteinander verbunden. Damit deutet sich die enge Verzahnung der ökologisch doch offenbar recht ähnlichen Biozönosen an.

4. Die Euomphalia strigella-Gesellschaft (Tabelle 4)

Schließlich liegt noch eine Aufnahme von einem trockenen, sonnigen Kreidesteilhang am Gakower Ufer vor. Die hier vorherrschende thermophile Pflanzengesellschaft wird als Sorbo torminalis-Fagetum gekennzeichnet. Diese Gesellschaft zeigt enge ökologische Beziehungen zu den mitteleuropäischen wildobstreichen Steppenheidewäldern. An den Kreidesteilhängen fehlt lediglich die Traubeneiche.

Die Gastropodengesellschaft entspricht der Fauna der Steppenheidewälder Mitteleuropas. Sie wird durch *Euomphalia strigella* als Charakterart bestimmt. Daneben sammeln sich Arten mesophiler Wälder wie *Ena obscura, Cochlodina laminata, Cepaea hortensis* und allgemeine Waldarten. *Helicigona lapicida* als petrophile Art und *Pupilla muscorum* sowie *Vallonia pulchella* als Rasenbewohner bestätigen den vegetationsoffenen Anteil des Standortes. Eine weitere, charakterisierende Art liegt nicht vor.

Zoogeographische Analyse der Molluskenfauna der Stubnitz

Bei dieser Analyse sollten auch Arten beachtet werden, die mit den vorliegenden Aufnahmen nicht erfaßt wurden, der Literatur nach aber im Gebiet vorkommen oder zu vermuten sind. Das betrifft die von PLATE 1948 gefundenen *Vertigo genesii* (GREDLER) und

Tabelle 4. *Euomphalia strigella*-Gesellschaft.

Arten	Elsbeeren-Buchenwald (Gakower Ufer)		Ökol. Verteilung
1. *Euomphalia strigella* (DRAP.)	so	3	Steppenheidewald
2. *Helicigona lapicida* L.	w-m	1	Felsen
3. *Pupilla muscorum* L.	eu	1	Rasenbiotope
4. *Vallonia pulchella* (O. F. MÜLL.)	eu	2	
5. *Ena obscura* (O. F. MÜLL.)	eu	2	mesophile Laubwälder
6. *Aegopinella pura* (ALDER)	eu	2	
7. *Cochlodina laminata* (MONTAGU)	eu	2	
8. *Discus rotundatus* (O. F. MÜLL.)	w-m	1	Wälder
9. *Oxychilus cellarius* (O. F. MÜLL.)	eu	1	
10. *Perforatella incarnata* (O. F. MÜLL.)	m	1	
11. *Cepaea hortensis* (O. F. MÜLL.)	eu	2	

Vallonia enniensis (GREDLER). Ebenso erwähnt SCHMIDT (1955) das Vorkommen von *Truncatellina costulata* (NILSSON) mit nicht eindeutigen Fundortangaben von „Stubbekammer". Diese drei Arten besitzen in diesem Gebiet allerdings Reliktcharakter. Möglicherweise lassen sich auch noch *Monachoides rubiginosa* (A. SCHMIDT) und *Succinea elegans* (RISSO) nachweisen. *Succinea elegans* wurde von mir in einem Erlen-Schilfbestand auf der Halbinsel Pulitz im Kleinen Jasmunder Bodden gefunden.

Gliedert man die gefundenen Arten hinsichtlich ihrer geographischen Verbreitung auf, so ergibt sich folgendes Bild:

holarktisch (hol)	13	boreo-alpin (b-a)	3
europäisch-asiatisch (eu-as)	3	nordeuropäisch (n)	1
europäisch (eu)	14	mittel-nordeuropäisch (n-m)	1
mitteleuropäisch (m)	7		
		osteuropäisch (o)	2
atlantisch (atl)	4	südosteuropäisch (so)	1
mittel-westeuropäisch (w-m)	3		
nordwesteuropäisch (nw)	1	südeuropäisch (s)	1
südwesteuropäisch (sw)	1		

Zweifellos wird die Fauna durch die große Zahl europäisch-mitteleuropäischer Arten neben Arten asiatischer und holarktischer Verbreitung bestimmt. ~~Es sind dies~~ 37 Arten. Als nächster ~~Block aber~~ heben sich die 9 atlantisch-westeuropäischen Arten heraus. Damit bestätigt sich der bereits von der Flora bekannte atlantische Charakter auch bei den Mollusken. Diese sich in der Fauna abzeichnende Tendenz wird dadurch unterstrichen, daß die westeuropäischen Arten in quantitativer und qualitativer Hinsicht die Gesellschaften bestimmen. Das trifft besonders auf die Waldgesellschaften zu.

Die offenen Naßbiotope werden dagegen stärker durch holarktische, boreo-alpine und nordische Elemente geprägt. Hierzu müssen auch die Reliktarten gerechnet werden, die ein ähnliches ökologisches und geographisches Verhalten zeigen. Die Begründung hierfür mag sein, daß mit ihnen die Wiederbesiedlung der Landschaften in postglazialer Zeit begann, daß die Gesellschaften der offenen Vegetation auf nassen Böden historisch älter sind. Arten, die die frühzeitige Besiedlung vollzogen haben, sind *Vertigo antivertigo*, *Vertigo angustior*, *Vertigo substriata*, *Vallonia enniensis* und *Carychium minimum*. Es ist aber auch anzunehmen, daß einige eurytherme Arten die Kaltzeiten im periglazialen Gebiet überstanden haben, so *Pupilla muscorum, Succinea oblonga, Succinea putris, Cochlicopa lubrica, Vallonia pulchella, Vallonia costata, Vertigo genesii, Trichia hispida.* Die Aussagen von MANIA (1973) über die Faunenentwicklung im mittleren Elbe-Saalegebiet können im Prinzip gewiß auch auf norddeutsche Verhältnisse übertragen werden, auch wenn das Gebiet der Insel Rügen im Hochglazial von Eis bedeckt war.

Mit der einsetzenden Bewaldung im Boreal und Atlantikum wurden die Arten der offenen Vegetation verdrängt und wärmeliebende meso- und hygrophile Waldarten begannen das Bild der Molluskengesellschaften zu verändern. Hier haben in der letzten Phase der Entwicklung die atlantisch-subatlantischen Arten entsprechend den atlantischen Klimaverhältnissen den höheren Anteil gegenüber kontinentalen Arten. Als eine solche beschränkt sich *Euomphalia strigella* auf die wärmebegünstigten, lichten Osthänge der Kreidesteilküste.

Es ist anzunehmen, daß die Molluskenfauna der Feuchtbiotope, besonders aber die der Erosionstäler, noch relativ ungestört den derzeitigen Stand der Faunenentwicklung erkennen läßt. Sie erreicht mit 55 erfaßten Arten in den Landbiotopen – möglicherweise sind noch einige nicht erfaßte Arten hinzuzufügen – einen an Arten und Individuen reichen Konzentrationspunkt im ansonsten schneckenarmen Mecklenburg.

Zusammenfassung

In den Landbiotopen der Stubnitz (Rügen) wurden 55 Molluskenarten erfaßt. Die Mehrzahl konzentriert sich in der *Lauria cylindracea-Spermodea lamellata*-Gesellschaft der Erosionstäler. Die offenen Naßbiotope zeigen einen Mischbestand aus Arten der Erlenbrüche und der Naßwiesen, wobei *Perforatella bidentata* als Charakterart auftritt. Die Wälder des Stubnitzplateaus bergen eine verarmte Fauna ohne spezifische Charakterarten. In den lichten Wäldern der Steilküste siedelt eine artenarme *Euomphalia strigella*-Gesellschaft. Der zoogeographische Charakter der Molluskenfauna wird durch eine deutliche Anzahl atlantischer Arten geprägt.

Summary

MOLLUSC ASSOCIATIONS OF STUBNITZ (RUEGEN)

In the terrestrial biotopes of the region „Stubnitz (Rügen)" 55 species of molluscs were found. The majority of them is concentrated within the erosion valleys in the *Lauria cylindracea–Spermodea lamellata*–association. The open wet biotopes show a mixed society of species of alder moors and wet meadows in which *Perforatella bidentata* is the characteristic species. In the woods on the Stubnitz plateau a poor society occurs without any specific species. In the clear woods of the bluff the *Euomphalia strigella*–association is colonised which is poor of species. The fauna of molluscs in the region „Stubnitz" is characterized by a number of atlantic species.

Literatur

ANT, H., 1963: Faunistische, ökologische und tiergeographische Untersuchungen zur Verbreitung der Landschnecken in Nordwestdeutschland. – Abhandl. Landesmus. Naturk. Münster/Westfalen, **25**: Nr. 1.

BAUER, L., 1972: Handbuch der Naturschutzgebiete der Deutschen Demokratischen Republik. Band 1.

HÄSSLEIN, L., 1958: Die einstige Molluskenbesiedlung des Illasberges. Ein Beitrag zur Faunistik des schwäbischen Lechtals. – **8.** Bericht der Naturforschenden Gesellschaft Augsburg.

—, 1960: Weichtierfauna der Landschaften an der Pegnitz. – Abhandl. Naturhist. Ges. Nürnberg, **29**: Nr. 2.

—, 1961: Die Molluskenfauna des Siebengebirges und seiner Umgebung. – Dechania-Beihefte, **9**. Bonn.

MANIA, D., 1973: Paläoökologie, Faunenentwicklung und Stratigraphie des Eiszeitalters im mittleren Elbe-Saalegebiet auf Grund von Molluskengesellschaften. – Beiheft zur Zeitschrift Geologie, **78/79**.

PLATE, H. P., 1954: Zur Molluskenfauna der Greifswalder Oie und des Ruden. – Arch. Freunde Naturgesch. Mecklenburg, **1**: 177–190.

—, 1955/56: Zur Molluskenfauna der Insel Hiddensee. – Arch. Freunde Naturgesch. Mecklenburg, **2**: 307–335.

SCHMIDT, H. A., 1955: Bemerkenswerte Landschnecken in Mecklenburg. – Arch. Freunde Naturgesch. Mecklenburg, **1**: 206–230.

Anschrift des Autors:
Dr. G. Körnig, DDR – 402 Halle (Saale), Pestalozzistr. 54

MALAKOLOGISCHE ABHANDLUNGEN

STAATLICHES MUSEUM FÜR TIERKUNDE IN DRESDEN

Band 6 Ausgegeben: 28. Mai 1980 Nr. 19

Neue Bearbeitung der Konchylienfaunen aus dem interglazialen Travertin des Aufschlusses „An der Klippe" in Mühlhausen (Thüringen)

Mit 9 Abbildungen

HILDEGARD ZEISSLER

Leipzig

Vorbemerkung

Die Grabungen zu dieser neuen Bearbeitung der Konchylienfaunen des interglazialen Travertins an der Südseite des Tonberges am Stadtrand von Mühlhausen (Thür.), aufgeschlossen in dem nicht mehr in Betrieb befindlichen Steinbruch „An der Klippe", wurden in den Jahren 1960–62 vorgenommen. Die Ergebnisse wären normalerweise längst publiziert worden, zumal diese Untersuchung ursprünglich die Grundlage meiner Dissertation bilden sollte. Daß ich bei Fortgang der Bearbeitung doch lieber ein anderes Thema hierfür wählte, hat den Grund, daß kurz vorher seitens einer Studentin der Bergakademie Freiberg eine Belegarbeit über die „Klippe" angefertigt worden war (Mitteilung von Prof. Dr. A. H. MÜLLER, Freiberg), wobei der Bearbeiterin weder Artenkenntnisse noch ausreichende Hilfsmittel zur Verfügung gestanden hatten, so daß fast die Hälfte der Arten falsch benannt worden war (BERNSTORFF 1960). Das konnte ich bei Einsichtnahme in den Text jener Arbeit an Hand der sehr guten Fotos sicher erkennen. Diese Tatsache allein wäre zu ignorieren gewesen, wenn nicht einige der Abbildungen mit den falschen Bezeichnungen von anderen Autoren übernommen worden wären (z. B. in die 1. und 2. Auflage des „Lehrbuchs der Paläozoologie" von A. H. MÜLLER; aber auch JORDAN bildete 1962 *Punctum pygmaeum* unter dem Namen *Discus ruderatus* ab). Um in einer Dissertation Polemik zu vermeiden, verfaßte ich diese über eine andere Thematik (ZEISSLER 1969a) und stellte die Niederschrift meiner Arbeitsergebnisse von der „Klippe" vorerst zurück. Letztere beendete ich 1971 und gab das Manuskript meinem damaligen Vorgesetzten, Herrn Dr. H.-D. KAHLKE (Institut für Quartärpaläontologie, Weimar) zwecks Veröffentlichung ab. Auf Anfrage teilte er mir mit, daß hierfür erst 1981 eine Publikationsmöglichkeit bestände (Quartärpaläontologie, Bd. 4). Auf Grund dieser unzumutbaren Frist ziehe ich die zeitlich günstigere Veröffentlichungsmöglichkeit in der vorliegenden Zeitschrift vor. Da ich das Manuskript nicht zurück erhielt, habe ich die folgenden Ausführungen neu verfaßt.

Die Fundstelle

Die ältere Literatur benutzt für das Travertinlager die Ortsbezeichnung „Tonberg" oder „Auf dem Tonberg", was gelegentlich zu Mißverständnissen geführt hat, denn die Ablagerung bildet nicht den ganzen Tonberg, sondern bedeckt nur den Südhang, und ihre Sohle liegt höchstens 20 m über dem Johannistal-Bach. Die Bezeichnung „Klippe des Tonberges" oder einfach „Klippe" wurde von KLETT seit 1919 benutzt. Er beschreibt das Travertinlager folgendermaßen (1919: S. 63–64): „Das umfangreichste Lager (der älteren

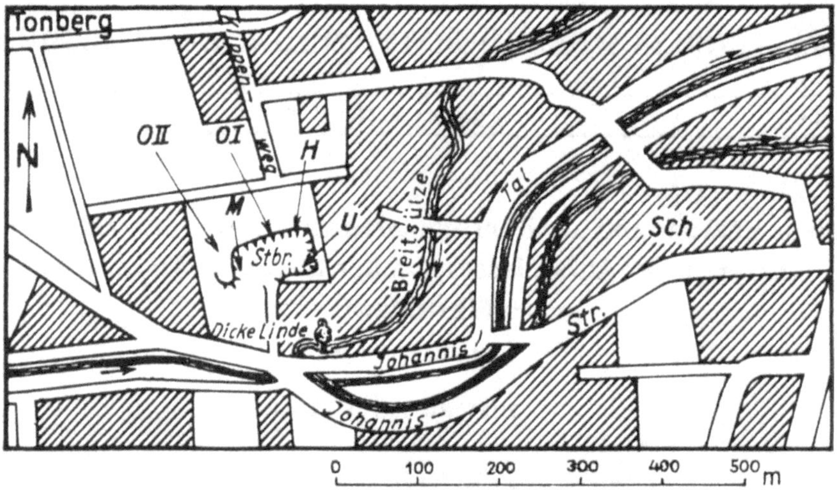

Abb. 1. Lageplan des Steinbruchs „An der Klippe".
U, M, O I und O II = Lage der untersuchten Aufschlüsse; H = Lage der beiden Höhlen in der Nordwand; Sch = Lage der alten Steinbrüche vom Schützenberg, heute als „Volksgarten" bezeichnet. Die Breitsülze ist ein alter Mühlgraben, der der Böschung des Unstruttales folgt.

Kalktuffe, d. A.) liegt dicht am Westausgange der Stadt, am Südabhange des Tonberges, an der sogenannten Klippe und zieht sich über den Schützenberg (heute „Volksgarten", d. A.) bis in die Stadt hinein. Der Kalktuff liegt dort 40–50 m über dem Wasserspiegel der Unstrut. An der Ostseite des Bruches ist zur Zeit als Liegendes weißgelber Kalksand (Characeensand) in einer Mächtigkeit von 2,40 m aufgeschlossen. Überlagert wird er von einer 0,80 m starken Schicht von lockerem Sande, dem Brocken von hartem zellig-porösen Kalktuff eingelagert sind. Darauf liegt die 4 m mächtige Werkbank von eisenhartem, wetterbeständigen, dichten ‚Travertin'. Die Nordwand des Bruches zeigt als Hangendes 1 m erdigen Kalksand, darunter 8,65 m stark die Werkbank. Die Schichtenflächen der starken Steinlagen sind mit Blattinkrustationen bedeckt, die deutlich Haselnuß, Buche, Ulme, Weide und Eiche erkennen lassen." Der Freundlichkeit von Herrn Dr. CLAUS (Mühlhausen) verdanke ich die Information über das Vorkommen der wärmeliebenden Vinca major L. (CLAUS 1964), die heute rings um das Mittelmeer und in den östlich anschließenden Teilen Asiens verbreitet ist.

KLETT schreibt ferner (S. 65): „Das Kalktufflager ist jedenfalls zum Teil wieder zerstört und abgetragen worden. Der durch das Johannistal fließende Bach trennte durch Erosion das Lager am Tonberge von dem am Schützenberge." Der Travertin vom Schützenberg, der länger bekannt ist als der an der „Klippe", war schon zu KLETTs Zeit nicht mehr zugänglich. Heute findet man den Namen „Schützenberg" nicht einmal mehr auf dem Stadtplan. Wenn man KLETTs Angabe „bis in die Stadt hinein" wörtlich nehmen darf, so gehört vielleicht der anstehende Banktravertin im Hirschgraben (NW-Ecke des Stadtkerns) unter der Stadtmauer zur gleichen Ablagerung. Dann wäre dieses pleistozäne Travertinlager mindestens 1 km lang und der Teil am Tonberg betrüge kaum ein Fünftel davon.

Der Steinbruch „An der Klippe" ist auf drei Seiten von Gärten umgeben, nur an der

Nordseite befindet sich Ackerland. Der Westteil ist wahrscheinlich zuerst aufgegeben worden, dort finden sich keine steilen, nackten Wände mehr, sondern nur noch Schutthänge, die mit Trockenrasen bewachsen sind. Nur in der Osthälfte waren um 1960 noch einige brauchbare Aufschlüsse vorhanden, wenn auch die Unterkomplex-Linse nicht mehr in voller Mächtigkeit zugänglich war. Da aber die Werkbank stellenweise unterhöhlt und frostrissig war, wurde der Bruch nach 1963 gesprengt.

Zur Erforschungsgeschichte

Seit über 100 Jahren ist bekannt, daß das Travertinlager reich an fossilen Konchylien ist. BORNEMANN (1856) entnahm sein Material vom Schützenberg und führt von dort ausdrücklich 19 Arten an, darunter auch eine *Paludina* sp., die nach seiner Beschreibung nichts anderes gewesen sein kann als *Belgrandia germanica* (CLESSIN 1882). Damit ist schon gesagt, daß die Ablagerung einem Interglazial angehört haben muß. BORNEMANNs Arbeit ist insofern von großem methodischen Wert, als er auch darzustellen versucht, daß zwischen den Faunenbeständen der Travertine und der rezenten Molluskenfauna Unterschiede bestehen.

K. v. SEEBACH (1883) sagte in den „Erläuterungen zur Geologischen Spezialkarte", daß Aufschlüsse sowohl auf dem Schützenberg als auch auf dem Tonberg bestanden, schilderte aber beide Vorkommen gemeinsam. Von den Schnecken nennt er nur 6 der häufigsten Arten, 5 Wasser- und 1 Landbewohner.

KLETT behandelte die Konchylien der „Klippe" in mehreren Publikationen. In den „Geologischen Wanderungen" (1912, Kapitel 4) trennte er die Fauna „aus festem Tuffstein" von der aus „Characeensand", wirft aber die verschieden alten Lockerschichten zusammen. Aus dem festen Gestein nennt er 10 meist größere Arten, und aus den Lockerschichten 26 Schnecken („*Limnaea*" *peregra* und *L. ovata* sind Formen einer Art) sowie *Pisidium* sp. Mit jener Muschel sind es insgesamt 31 Arten. Als aussagekräftige Art neben *Belgrandia* führte er zum ersten Male „*Patula*" (= *Discus*) *ruderata* STUDER an. Ein Teil des Materials ist von WÜST (Kiel) bestimmt oder nachgeprüft worden. Einige Briefe von WÜST an KLETT sind heute noch erhalten. Herr Alfred WÄTZEL, ein Enkel KLETTs, zeigte mir einen solchen vom 1. 11. 1912, in dem WÜST anregt, KLETT möge doch diese mächtige Ablagerung Schicht für Schicht getrennt durcharbeiten. KLETTs Antwort ist nicht erhalten. Jedenfalls hat er die Anregung nicht aufgegriffen, denn auch in späteren Arbeiten gibt er immer nur summarische Listen.

In seiner Arbeit von 1919 zählte KLETT schon 60 Arten auf, von denen 4 heute als Varietäten oder ökologische Formen gelten. Außer den beiden schon erwähnten Arten hebt er folgende weitere als aussagekräftig hervor:

Vertigo moulinsiana (DUPUY) als Glazialrelikt,
„*Sphyradium*" (= *Columella*) *edentulum* (DRAPARNAUD) als boreo-alpine Art,
„*Kuzmicia*" (= *Clausilia*) *pumila* C. PFEIFFER als osteuropäische Art,
„*Xerophila*" (= *Helicopsis*) *striata* f. *nilssoniana* BECK als im Rückzug begriffene Art.

Während wir die Aussage der ersten 3 Arten einstweilen auf sich beruhen lassen, muß gleich gesagt werden, daß sich das einzige von ihm erwähnte Stück der *H. striata*, das im Museum Mühlhausen unter Nr. K. XVII/5025 noch vorliegt, als eine frischrezente Jugendschale von *Helicella itala* (LINNAEUS) erwiesen hat, die ihm bei der Probenentnahme vom Grubenrand hineingefallen sein muß (s. a. ZEISSLER 1966: S. 25). Dies ist übrigens der einzige Bestimmungsfehler, der bisher im KLETTschen Belegmaterial gefunden worden ist. In der zusammenfassenden Darstellung seines Gesamtwerkes (1927) zählte er in der Fundstellen-Tabelle etwa denselben Faunenbestand auf. Eine Abweichung sei erwähnt: er nennt jetzt die hochalpine *„Sphyradium" edentulum columella* (MARTENS). Wahrscheinlich hatte er erst nach 1919 völlig erwachsene Stücke gefunden.

Wenn KLETT auch nur einen Querschnitt durch das mächtige Travertinlager gab, so hat der nächste Bearbeiter doch eine Grundlage, auf der er weiterbauen kann. Das im Museum Mühlhausen aufbewahrte Belegmaterial ist leider nicht ganz vollständig, was daher kommen mag, daß KLETT mit zahlreichen Fachkollegen Europas Material getauscht hat. Von den Arten, die er genannt hat, fehlen 10 in der Sammlung, dafür sind noch 3 Arten vorhanden, die er in seinen Arbeiten nicht erwähnt hat: *Vitrea crystallina* (MÜLLER), *„Trigonostoma"* (= *Helicodonta*) *obvoluta* (MÜLLER) und *Iphigena plicatula* (DRAPARNAUD). Alle drei Arten sind Waldbewohner, in der Ablagerung seltene Arten, die er wohl noch später gefunden hat. Für die Gesamtaussage sind sie ohne besondere Bedeutung, da ja nicht bekannt ist, aus welcher Schicht sie stammen.

Nun muß noch einmal die Belegarbeit BERNSTORFF erwähnt werden. Die Untersuchung ist nach modernen Gesichtspunkten erfolgt, es wurde ein sehr detailliertes Profil aufgenommen; wobei die geringsten Farbabweichungen notiert wurden, aber abgesehen von den Bestimmungsfehlern waren auch die Proben (je 2 Liter) meines Erachtens zu klein, so daß sie die sehr spärlichen Zeitmarken gar nicht hätten erfassen können.

Meine Untersuchung begann ich 1960 allein. Zuerst erhielt ich durch die Freundlichkeit des Herrn Dr. MARTIN (Mühlhausen, damals Dozent am dortigen Pädagogischen Institut) einen Arbeitsplatz vermittelt. Später stellte mir Herr A. BARTH (Museum Mühlhausen) einen solchen zur Verfügung und gestattete seinen Mitarbeitern, mir bei der Außenarbeit zu helfen. So besorgte Herr H. ALBRECHT † den größten Teil der Vermessungsarbeiten und Frau L. ALBRECHT half bei der Probenentnahme sowie beim Vorsieben (= Einengen der Proben an Ort und Stelle). 1962 wurden dann auch gelegentlich durch ein Kraftfahrzeug des Instituts für Quartärpaläontologie die Proben, wie sie aus der Wand genommen worden waren, nach Weimar gebracht. Leider sind die Meßergebnisse nicht mehr in meinem Besitz, sie verblieben nach meinem Ausscheiden aus dem Institut in Weimar. Herr A. BARTH fertigte Fotos von Oberkomplex I, Mittel- und Unterkomplex an, die hier abgebildet werden. Herr Dr. FORCART (Basel) prüfte die Vitriniden, Herr KUIPER (Paris) die Pisidien aus meinen Proben nach, und Herr REGIUS † (Magdeburg) bestätigte meine Bestimmung von *Myxas glutinosa*. Ihnen allen sei für ihre freundliche Hilfe gedankt.

Problemstellung

Seit KLETT, ja seit BORNEMANN ist bekannt, daß der Ältere Travertin vom Schützen- und Tonberg „diluvial", also pleistozän ist. Die Anwesenheit von *Belgrandia germanica* insbesondere sagt uns, daß es sich um eine Ablagerung während eines Interglazials handelt. Die Wahrscheinlichkeit spricht für das Eem-Interglazial, da zu anderen Eem-Ablagerungen deutliche Beziehungen in der Faunenzusammensetzung bestehen.

Bei der Bearbeitung der Traventine von Taubach, Weimar und Ehringsdorf (ZEISSLER 1958a u. b, 1962a, 1975 u. 1977) konnte ich feststellen, daß eine solche Ablagerung, auch wenn sie sehr mächtig ist, nur einen Teil eines Interglazials umfassen kann. Es steht also noch die Frage offen, ob die Ablagerung früh-, hoch- oder spätinterglazial ist.

KLETT hat zwei weitere Ablagerungen „älteren Kalktuffs" in und bei Mühlhausen bearbeitet, Mühlhausen-Wendewehr und Weidensee bei Felchta, deren Faunenbestände voneinander und von dem der „Klippe" abweichen. Wegen der Gesamtlisten sei auf die Originalarbeiten verwiesen (KLETT 1919, 1921, 1927). Über die Beziehungen der drei Fundstellen zueinander hören wir KLETT selbst, zuerst über Weidensee und den Tonberg

(1921: S. 186, Belegmaterial von GEYER nachgeprüft): „Obgleich die am Tonberge ... überaus häufig vorkommende *Belgrandia marginata* MICH. im Kalktuff von Weidensee nicht gefunden wurde, deutet die Höhenlage des Weidenseer Lagers auf ein höheres als alluviales Alter hin. Für die diluviale Bildung spricht auch das Auftreten von *Patula ruderata* STUD., *Vallonia costellata* A. BRAUN (= *V. enniensis* GREDLER, d. A.) und *Vertigo moulinsiana* DUP." Über Wendewehr sagt er (1927: S. 63): „Auffallend ist es, daß ich weder *Patula solaria* MKE. (= *Discus perspectivus* MÜHLFELDT, d. A.) noch *Carychium tridentatum* RISSO, die beide im Kalktuffe am Wendewehr bei Mühlhausen recht häufig gefunden wurden, an der nur 2,5 km entfernten Klippe fand. Es kann das darauf zurückgeführt werden, daß beide Tufflager nicht gleichzeitig gebildet worden sind. Da in dem am Wendewehr mehr erloschene Arten aufgefunden wurden als in dem an der Klippe, so kann man dem ersten ein höheres Alter zusprechen als dem zweiten."

Von heutiger Sicht kann man hinzufügen, daß die Arten, die in Weidensee als Differentialarten angesehen werden, sehr wohl auch im Thüringer Altholozän, ja auch noch lebend im Gebiet beider deutscher Staaten gefunden werden können. Es gibt jedoch auch im Pleistozän Ablagerungen, deren Fauna sich von der rezenten nicht unterscheidet, und die nur geologisch oder prähistorisch datiert werden können. Als eine solche müssen wir Weidensee auch ansehen.

Die Faustregel, daß eine Ablagerung um so älter ist, je mehr erloschene Arten darin vorkommen, gilt also nicht absolut. Es sind auch nicht alle Arten erloschen, die ein Bearbeiter in der Umgebung der Fundstelle nicht mehr lebend findet. Speziell *Carychium tridentatum* ist von älteren Autoren nur in seiner extremen Ausprägung überhaupt erkannt worden, da erst WATSON u. VERDCOURT (1953) eine brauchbare Abgrenzung gegen die nahe verwandte Art *C. minimum* MÜLLER fanden. Es ist heute sicher, daß *C. tridentatum* die weitaus häufigere der beiden Arten ist. Sie kommt auch an der „Klippe" vor, und ebenso lebend im Stadtwald von Mühlhausen (ZEISSLER 1962b). Hingegen ist *„Patula solaria"* (= *Discus perspectivus*) wirklich aussagekräftig. In Taubach (ZEISSLER 1958 u. 1977) und in Weimar (ZEISSLER 1962a) ist diese subalpine Schnecke eine der Leitarten für die Gipfelphase des letzten Interglazials.

So bietet sich eine Parallelisierung mit den Travertinen des Ilmtales bei Weimar geradezu an:

1) Ablagerungen mit *Discus perspectivus* und *Belgrandia germanica*: Hauptteil des Travertins von Taubach sowie Auenmergel und unterer Travertin von Weimar – Mühlhausen-Wendewehr.
2) Ablagerungen ohne *Discus perspectivus*, aber mit *Belgrandia germanica*: Oberer Travertin von Weimar – Mühlhausen-Klippe.
3) Ablagerungen ohne diese beiden Arten, gelegentlich mit *Discus ruderatus*: Travertin von Ehringsdorf – Weidensee.

Nun kann freilich bei den Ilmtal-Travertinen die Altersstellung noch mittels Skelettresten und prähistorischen Funden nachgeprüft werden. In Mühlhausen ist von Artefakten aus dem Travertin nie die Rede gewesen. Bei v. SEEBACH werden „Rehknochen" erwähnt, doch müssen solche selten gewesen sein, denn ich habe während meiner Untersuchung keinen Großsäugerknochen gesehen, und Kleinsäugerreste waren in meinen Proben kaum enthalten.

In Weimar ist die Abfolge mehrerer Klimaphasen belegt, da erst die Hochinterglazial-Anzeiger und weiter oben dann *Belgrandia* erlöschen. Wenn der Travertin von der Klippe gleichaltrig ist, so ist zu versuchen, ob man im Ablauf einen Wendepunkt findet, dann könnte man die relative Altersstellung der Klippe genauer feststellen.

Die Fundschichten

Terrassen, wie wir sie im Ilmtal als Liegendes des Travertins kennen, sind unter dem Travertin der „Klippe" nicht zu erwarten. Der Südhang des Tonberges ist der Unstrut abgewandt. Der Bach im Johannistal, der später die Ablagerungen durchschnitten hat, ist viel zu kurz und wasserarm, um nennenswerte Ablagerungen zu hinterlassen. Das Liegende des Travertins an der „Klippe" ist jedoch unbekannt, denn der Characeensand, den KLETT als das Liegende bezeichnet, gehört mit zu der Ablagerung, es ist der „Unterkomplex". Leider waren seine untersten Lagen zur Zeit meiner Probenentnahme durch herabgefallene Blöcke unzugänglich. Von dem 2,40 m mächtigen Characeensand war nicht einmal die Hälfte zugänglich.

Das Besondere des Travertins an der „Klippe" besteht darin, daß zwei sehr mächtige, aber durch Schichtfugen unterteilte Werkbänke vonhanden sind. Bei einiger Aufmerksamkeit kann man die Fugen durch alle Steinbruchwände verfolgen, wenn sie auch nicht mehr verbunden sind. Lockertravertin findet sich unter dem Banktravertin, dann zwischen den beiden Werkbänken und endlich dem Travertin aufliegend. Während in vielen Travertinablagerungen Lockerschichten von geringer Mächtigkeit sich weithin erstrecken, wie man das so schön in dem ausgedehnten Ehringsdorfer Travertin sehen kann, finden sich an der „Klippe" nur kurze, dicke Linsen von Lockermaterial, höchstens 10 m breit und in der Mitte um 2 m mächtig. Nicht immer ist innerhalb dieser Linsen eine Schichtung ersichtlich.

Der Lockertravertin unter der untersten Werkbank, den ich hier „Unterkomplex" nenne, war zur Zeit der Entnahme unter der Südwand des Ostteiles (denn der Westteil hat keine Südwand) auf eine Tiefe von weniger als 1 m zugänglich. Hier war eine Schichtung vorhanden, denn zwischen zwei Lagen sehr hellgelben, fast weißen, feinen Chara-Sandes war eine etwa 10 cm starke hellbräunliche Schicht gröberen, grusigen Materials eingeschaltet. An der Ostseite der Nordwand muß eine ähnliche Linse existiert haben, die ausgeräumt worden sein muß.

Zwischen beiden Bänken fand sich der Mittelkomplex. Ich entnahm das Material an einem Vorsprung der Nordwand gegenüber dem Eingang, von einer ins Auge fallenden Stelle. Eine entsprechende Linse muß sich auch im Ostteil der Nordwand befunden haben, wo sich auf der gleichen Schichtfuge wie der von mir untersuchte Mittelkomplex, wenig westlich von der unteren Höhle, die obere Höhle befand.

Oben auf der Werkbank untersuchte ich zwei verschiedene Linsen. Was ich „Oberkomplex I" nenne, ist dasselbe, was KLETT als „Hangendes mit 1 m erdigen Kalksand" nennt. Er liegt etwa in der Mitte der damals noch erhaltenen Nordwand und zeigt keinerlei Schichtung. Dieser Lockertravertin ist durchweg hellbraun, unregelmäßig mit groben Inkrustationen und Brocken durchsetzt.

Der Oberkomplex II wurde erst im Jahre 1962 sichtbar. Dies war eine etwa 2 m mächtige, aber gleichförmige Ablagerung hellgelben Characeensandes, wiewohl nicht so hell wie der im Unterkomplex. Er befand sich im ehemaligen Westteil des Bruches, oberhalb der breiten Schutthalde. Obwohl er ebenfalls an der Nordseite des Bruches lag, so war doch deutlich, daß er nicht mit der groben bräunlichen Linse O I verbunden war, denn auf dem Felsvorsprung dazwischen, in dem der Mittelkomplex liegt, lagen Humusdecke und Grasnarbe der Werkbank unmittelbar auf.

Der Unterkomplex

KLETT schrieb, daß die 2,40 m mächtige Linse unter der Werkbank an der Ostseite des

Abb. 2. Ansicht der Entnahmestelle der Probenreihe U 1 unter dem überhängenden Banktravertin der Südwand. Foto A. Barth

Bruches gelegen war. Wir entnahmen an der Südwand. Es ist so zu verstehen, daß vor 1919 dort noch Werkstein abgebaut wurde und sich der Bruch seitdem noch ein Stück nach Osten ausgedehnt hat, so daß uns nur noch das Südende der Linse zur Verfügung stand (Abb. 2). Der Unterteil war durch herabgefallene Steinblöcke versperrt, so daß nur knapp 1 m Mächtigkeit zugänglich war. Die erste Probenreihe (1–8) wurde mitten in der Linse unter der überhängenden Werkbank entnommen. Man sah dort deutlich, daß sich der Lockertravertin in die Tiefe fortsetzte. Die Kontrollreihe entnahmen wir etwa 4 m weiter westlich, am rechten Ende des Aufschlusses, nicht der Linse, die sich hinter herabgestürzten Blöcken noch etwas weiter erstreckt.

Bei Betrachtung des Fossiliengehaltes unterteilen wir nach der Schichtung und beginnen mit der tiefsten Lage beider Probenreihen (Tab. 1).

In dieser und allen folgenden Tabellen bedeutet ein „j" hinter der Anzahl, daß in der betreffenden Probe nur Jugendschalen enthalten waren, ein „f", daß die Probe nur aus Fragmenten besteht. Die Abkürzung „ap" bedeutet Schalenspitzen (apices). Mit + hervorgehobene Arten sind solche, über die noch einiges anzumerken ist, oder solche, die für die Aussage von Bedeutung sind.

Belgrandia germanica, eine kleine Quell-Deckelschnecke, ist heute in Mitteleuropa ausgestorben. Ob *Belgrandia marginata* (MICHAUD), die in den Bächen der Pyrenäen, z. B. in den Quellbächen der Garonne und des Ebro lebt, und deren Namen KLETT gebraucht, dieselbe oder nur eine nahe verwandte Art ist, ist noch nicht mit Sicherheit erwiesen. In Mitteleuropa wird sie in interglazialen Ablagerungen verschiedenen Alters gefunden. Laut STEUSLOFF (1953) kommt sie in allen Interglazialen und im jüngeren Pliozän vor.

In manchen letztinterglazialen Schichten, besonders mit vorherrschender Wasserfauna, ist sie massenhaft vertreten.

Stagnicola palustris (MÜLLER 1774) ist fast 200 Jahre lang als valide Art betrachtet worden. JACKIEWICZ (1959) hat mittels anatomischer Untersuchungen festgestellt, daß sich darin drei nahe verwandte, aber valide Arten verbergen, die man auch an den Schalenmerkmalen erkennen kann, wenn man nicht nur Bruchstücke oder sehr junge Schalen vor sich hat. Wenn die Beschaffenheit des Materials es nicht erlaubt, die Art zu erkennen, verwende ich den alten Namen.

Spiralina vorticulus gilt heute im Gebiet beider deutscher Staaten als selten. Im Ehringsdorfer Travertin fehlt sie, im Weimarer Auenmergel und in den tiefen Lagen des Taubacher Travertins erscheint sie ganz vereinzelt. Ihre größere Häufigkeit in der Gegend von Mühlhausen, wo sie KLETT (1927, Tabellen) in verschiedenen Ablagerungen gefunden hat, ist regional bedingt. Auch im bronzezeitlichen Moor von Oberdorla war sie durchaus nicht selten. Ihr ältestes bekanntes Vorkommen ist übrigens im nordamerikanischen Eozän von Tabernacle Butte, Wyoming (McKENNA, ROBINSON u. TAYLOR 1962: S. 5). Die Autoren nennen ihr einziges Stück „*Anisus*, new species?", aber die Abbildung läßt keinen Zweifel an der Artzugehörigkeit.

Pisidium pseudophaerium SCHLESCH ist ursprünglich als eine ökologische Form von *P. milium* angesehen worden (FAVRE 1927), und zwar als Kümmerform stagnierenden Wassers: „... et on trouve, dans les points où l'eau est très croupissante, la forme strictemant palustre *pseudosphaerium*." (FAVRE 1940: S. 344). Die Art ist laut ELLIS (1962) weit verbreitet, kommt aber nur sporadisch vor (s. a. TETENS u. ZEISSLER 1964). Aus dem Altholozän ist sie bekannt (SCHLESCH 1947), und ihr bisher ältestes Vorkommen ist im Altpleistozän von Lehringen (JAECKEL 1962: S. 217).

Columella edentula (DRAPARNAUD) und *C. columella* (MARTENS) können nur in erwachsenem Zustand auseinandergehalten werden, d. h. nur die erwachsene *C. columella* ist sicher erkennbar und aussagekräftig. Im Gegensatz zu vielen anderen Hochgebirgsschnecken kommt sie gelegentlich als Relikt im Travertin vor. Doch ist hier das Vorkommen von *C. edentula* wahrscheinlicher.

Pupilla triplicata (STUDER) ist in ihrer Aussage umstritten. KLETT kennt sie nur aus dem „Cyrenen"-Kies von Seebach, der spätestens im vorletzten Interglazial abgelagert worden ist. GEYER (1927: S. 125) führt als thüringische Pleistozänfundstellen Burgtonna und Ehringsdorf an. Von Burgtonna ist Näheres über sie noch nicht bekannt. In der Probenreihe von dort, die ich gelegentlich durchgearbeitet habe, fehlte sie (ZEISSLER 1970a). Der Travertin von Burgtonna gilt als hochinterglazial, er ähnelt im Fossilienbestand sehr dem von Taubach. In Ehringsdorf kommt die Art in Schichten vor, die strenggenommen nicht interglazial sind, nämlich in den oberen Schichten der rißzeitlichen Terrasse, und dann wieder im Bereich des Pariser und Pseudopariser, die MUSIL u. VALOCH (1966) schon zum Frühwürm rechnen, und deren Faunen auf ein kontinentales, aber noch nicht kaltes Klima schließen lassen. Ferner ist sie im mindelzeitlichen Ilmkies von Süßenborn nachgewiesen (ZEISSLER 1969a). Ihr Vorkommen zusammen mit *Belgrandia* scheint also verwunderlich.

Ehe wir näher auf die Aussage eingehen, sei erst das übrige Material aus dem Unterkomplex aufgeführt (Tab. 2+3).

Man sieht, daß die obere helle Chara-Travertinschicht des Unterkomplexes nicht nur ein Vielfaches an Individuen gegenüber dem Liegenden enthält, sondern auch eine Anzahl nicht genannter Arten. Bei dem durchweg hohen Prozentsatz der Wassermollusken (mindestens 93 %) wird eben nur die Landfauna einigermaßen vollständig erfaßt, wenn die Zahl der Wassermollusken in die Tausende geht. Da aber die Landschnecken in viel stärkerem Maße aussagekräftig sind, war die Aufarbeitung der Gesamtmenge jeder Probe nötig.

Wir erwähnten schon, daß in Proben mit viel Wassermollusken *Belgrandia*, wenn vorhanden, zahlreich ist. Das ist hier der Fall. Deshalb wurden die großen Posten nicht Stück für Stück ausgezählt, sondern die Gesamtmenge gemessen und dann 1 cm^3 davon ausgezählt.

Radix peregra ovata ist die Stammform eines großen Formenkreises, der historische Typus ist *Radix peregra* (MÜLLER 1774), eine Extremform. Die Art ist hier innerhalb der Proben recht variabel. Da die Formen mit erweitertem letzten Umgang *(inflata-obtusa-patula)* ökologische Anpassungen an fließendes Wasser sind, kann ihr Vorhandensein nicht übergangen werden, wenn man auch im Einzelfall nicht immer entscheiden kann, ob ein Stück noch zur Form *obtusa* oder schon zu *patula* gehört.

Myxas glutinosa (MÜLLER), eine besonders aufgeblasene und dabei zartschalige Lymnaeide, wird selten fossil. Deshalb legte ich sie dem erfahrenen Wassermolluskenkenner REGIUS (Magdeburg) vor, der sie auch bestätigte. Das Fossilwerden der Art sowie der zarten Blasenschnecken (*Physa* und *Aplexa*) war hier möglich, weil der Lockertravertin außerordentlich leicht ist, denn Chara-Inkrustationen bestehen vorwiegend aus Hohlräumen.

Von *Stagnicola „palustris"* fanden sich hier in jeder Probe einige intakte Stücke, an denen ich die Artbestimmung nach JACKIEWICZ vornehmen konnte. Aber in jeder Probe konnte nur ein kleiner Teil bis zur Art durchbestimmt werden, weshalb ich nur angezeigt habe, welche Art in der Probe nachgewiesen werden konnte. *Stagnicola corvus* (GMELIN), mit „c" bezeichnet, war unter den erkennbaren Stücken häufiger. Daß *St. turricula*, mit „t" bezeichnet, nur in dem Niveau 10–20 cm unter der Oberkante der Linse festgestellt worden ist, ist wahrscheinlich bedeutungslos, da in allen Fällen wohlerhaltene Stücke die Ausnahmen bilden und *St. corvus* auch meist stabiler ist.

Vertigo genesii GREDLER (= *V. parcedentata* SANDBERGER) ist eine aussagekräftige alpine Art. Bei *V. alpestris* ALDER ist das nicht in gleichem Maße der Fall, sie lebt noch heute in den höheren kühleren Lagen der Mittelgebirge sowie im nördlichen Mitteleuropa und Skandinavien. Sie wird von JAECKEL (1962) auch als im Thüringer Wald lebend angegeben.

Vitrina pellucida (MÜLLER), obwohl kälteliebend, ist für uns von untergeordneter Bedeutung. Da aber um Mühlhausen die ähnlich aussehende *Eucobresia nivalis* (DUMONT et MORTILLET), eine echte alpine Art, von verschiedenen Stellen rezent nachgewiesen ist (ZEISSLER 1962b, 1969b und 1970b), hat Herr Dr. FORCART (Basel) sämtliche Vitriniden von der „Klippe" revidiert.

Discus ruderatus (STUDER) kommt vor allem in Übergangszeiten, also Anfangs- und Endstadien von Interglazialen, vor. KLETT stellt den Travertin von Weidensee noch in das Pleistozän, weil *D. ruderatus* auch dort vorkommt. Über die Altersstellung sagt aber die Art gar nichts aus, da sie aus ganz verschieden alten Ablagerungen bekannt ist, so auch aus dem Mittelpleistozän von Süßenborn (ZEISSLER 1969a).

Cepaea nemoralis (LINNAEUS) ist heute in der Gegend von Mühlhausen sehr häufig lebend zu finden. Ihr Vorkommen zusammen mit *C. vindobonensis* (C. PFEIFFER) ist verwunderlich, da die eine heute atlantisches, die andere kontinentales Klima bevorzugt.

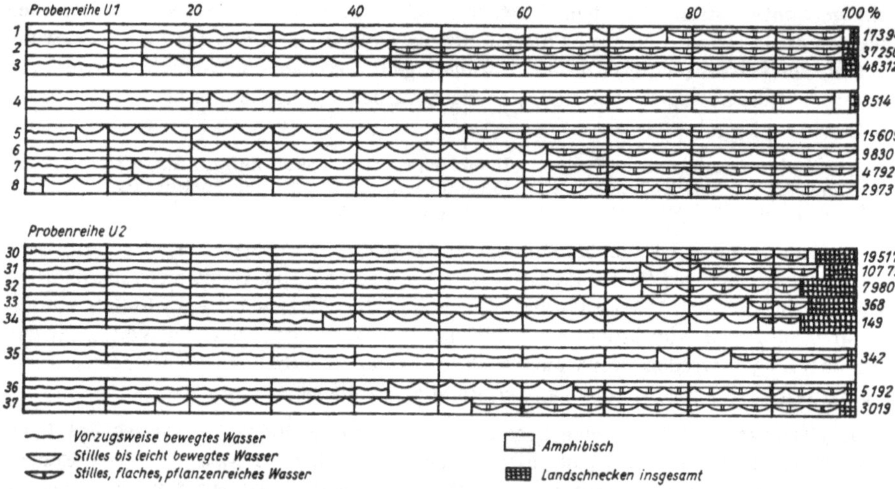

Abb. 3. Faunenspektren der gesamten Konchylienbestände des Unterkomplexes, oben Probenreihe U 1 aus der Mitte der Linse, unten Reihe U 2 vom rechten Ende. Links sind die Probennummern, rechts die Individuenzahlen jeder Probe eingetragen. In diesem Diagramm sind die Landschnecken nicht unterteilt, da ihr relativer Anteil verschwindend gering ist.

Sonst trifft man im thüringischen Interglazial *C. vindobonensis* mit *C. tonnensis* (SANDBERGER) in einer Schicht. Hier liegen nur Fragmente von allen Cepaeen vor, doch ist an Bruchstücken mit Mundsaum die Art zu erkennen. Einfache Wandstücke sind meist nicht bis auf die Art bestimmbar. Für die restlichen hervorgehobenen Arten sei auf die Anmerkungen zu Tabelle 1 verwiesen.

Das absolute Vorherrschen der Wasserbewohner wird in den Spektren doppelt deutlich (Abb. 3). Dabei ist *Belgrandia* immer häufig und bleibt nur in zwei Proben unter 100 Exemplaren. In den Decklagen der oberen Schicht geht sie anzahlmäßig in die Tausende und zeigt so, daß es sich um eine warmzeitliche Ablagerung handelt, aus einer Zeit, die beträchtlich wärmer war als heute.

Bei der Wasserfauna muß vorausgesetzt werden, daß die wenigsten Arten davon im Quellrinnsal gelebt haben können, das den Travertin abgesetzt hat. Auch *Belgrandia* ist eingeschwemmt, was schon daran deutlich wird, daß sie in den homogenen hellen Schichten deutlich an der Obergrenze angereichert ist (denn die Schnecken enthalten größere Hohlräume als die Chara-Inkrustationen, weshalb sie spezifisch noch leichter waren). Autochthon ist mit Sicherheit nur die Schnecke *Galba truncatula*, die an zeitweise auftretende Wasserlosigkeit angepaßt ist. Selbst unter den vorkommenden genügsamen Pisidien ist von keiner der aufgeführten Arten erwiesen, daß sie in Grundwasser bzw. in feuchter Erde leben könnte. *P. personatum* MALM, von dem eine derartige Anpassung nachgewiesen ist, fehlt hier.

Wir müssen bedenken, daß die Landschaft zur Zeit der Ablagerung ganz anders aussah. Das untere Johannistal existierte noch nicht. Dieses hat sich offensichtlich, wie schon KLETT schrieb (1919), erst in die Ablagerung eingeschnitten. Wir müssen eine wenig

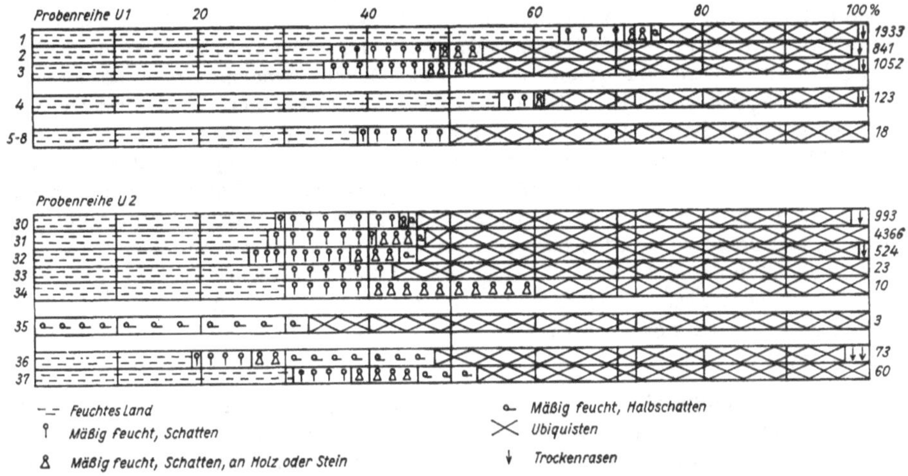

Abb. 4. Faunenspektren der Landschnecken aus dem Unterkomplex in gleicher Anordnung wie in Abb. 3. Nur die Proben 5 u. 8 wurden wegen ihrer Geringfügigkeit zusammengefaßt.

geneigte Ebene annehmen, die etwa nach NNO abfiel, und wo Abflüsse von Quellen breitflossen und so eine große Verdunstungsfläche bildeten, nachdem sie weiter hangauf Sümpfe und Tümpel gespeist hatten. Die Quellschüttung schwankt nicht nur regelmäßig mit den Jahreszeiten (Rückgang während des Winters, Anschwellen im Frühling, teilweiser Rückgang im Sommer), sondern auch einzelne Quellen können unregelmäßig versiegen, wie in einem Fall noch heute im Stadtwald von Mühlhausen zu sehen. Mit dem Versiegen fallen die Gewässer, die von der Quelle gespeist werden, mindestens teilweise trocken. Die Schnecken, die sinkendem Wasser nicht zu folgen vermögen, sterben ab und trocknen aus. Beim Wiederanschwellen solcher Gewässer werden dann die trockenen, luftgefüllten Schalen verschwemmt. Nach den Mengen, die in dem Travertinlager fossil geworden sind, muß oberhalb davon damals eine ausgedehnte Wasser- und Sumpflandschaft vorhanden gewesen sein. Trockenes Land mag viel weiter oberhalb, hangauf von der Sumpfzone, bestanden haben.

Wenn auch die Landschnecken in den Einzelproben niemals einen Anteil von nur 10 % erreichen, so beträgt ihre absolute Anzahl bei den individuenreichsten Proben doch so viel, daß auch sie eine Aussage zum Landschaftsbild beisteuern können. In einer Darstellung der Landfauna allein wurden nur die Proben 5–8 aus der unteren hellen Schicht zusammengefaßt, da diese Ablagerung augenscheinlich homolog ist und die Einzelbestände jeder für sich zahlenmäßig zu arm sind (Abb. 4).

Obwohl in manchen Proben der unteren hellen und der braunen Mittelschicht sicher nicht die gesamte Landfauna erfaßt ist, sieht die Zusammensetzung der ökologischen Gruppen auch hier recht einheitlich aus. Die Fauna des offenen Geländes herrscht vor, sowohl Feuchtland, also Ufergebiet der schon erwähnten Gewässer, als auch mehr oder weniger trockener Rasen. Unter den schattenliebenden Arten überwiegen solche, die nicht unbedingt an Wald gebunden sind, sondern auch mit Gebüsch oder dichter Krautvegetation als Lebensraum auskommen. So kann man annehmen, daß die Umgebung der Ablagerungsstelle vorwiegend offenes Gelände war. Echte Waldbewohner wie Clausiliiden und *Aegopinella pura* sind so selten, daß man den Wald, der in der Warmzeit bestimmt nicht gefehlt hat, in größerer Entfernung oberhalb der Quellen annehmen muß, so daß nur vereinzelte Schalen von dort in die Ablagerung gelangen konnten. Ebenso muß echter Trockenrasen auch erst in größerer Entfernung angenommen werden, denn die kleinen und leicht zu transportierenden Truncatellinen müßten sonst wenigstens zu Dutzenden in den Proben vorkommen. Übrigens lebt heute dicht bei Mühlhausen keine spezielle Trockenrasen-Schneckenart mehr. Die mageren Wiesen, die meist auf mittelalterliche Wüstungen zurückgehen, werden nur von Ubiquisten, vor allem von Vallonien, bewohnt: ein Zeichen dafür, daß dazwischen die Gegend einmal völlig bewaldet war und die echten Steppenarten noch nicht wieder den Weg dorthin gefunden haben (ZEISSLER 1962b). Nur auf Ackerland kommt *Helicella itala* rezent vor, wahrscheinlich auch erst neuerdings eingeschleppt.

Als Hinweis zur Altersstellung haben wir zuerst die *Belgrandia*, die auf ein fortgeschrittenes Interglazial hindeutet. Diese Aussage wird einzig unterstützt durch das Bruchstück von *Cepaea vindobonensis*, die in den Travertinen von Weimar, Taubach und Burgtonna zu den Hochinterglazial-Anzeigern gehört. Andere ausgesprochen wärmeliebende Landschnecken, wie sie für ein Hochinterglazial typisch sind, fehlten in den Proben. Dafür sind solche Arten nachgewiesen, die für kühlere Perioden und Übergangsfaunen charakteristisch sind: *Columella* aff. *columella*, die wir auch aus dem unteren Travertin von Taubach kennen (ZEISSLER 1958b), *Vertigo genesii*, die zusammen mit *Columella* in kaltzeitlichen Ablagerungen gefunden werden kann, *Pupilla triplicata* und *Discus ruderatus*, die z. B. in Ehringsdorf am Beginn und Ende eines Interglazials vorkommen und die der Aussage von *Belgrandia* scheinbar widersprechen. Daß eine Komponente, entweder *Belgrandia* oder die vier genannten Arten, aus einer älteren Schicht umgelagert worden wären, ist mindestens unwahrscheinlich. Es kann nicht anders sein, als daß die Arten der Übergangsfauna Relikte sind. Das hieße dann, die Ablagerung an der „Klippe" wäre nicht gleichaltrig mit dem oberen Travertin von Weimar. Dies ist vorläufig noch eine Hypothese, auf die wir im Verlauf dieser Erörterung zurückkommen werden.

Der Mittelkomplex

Das Hangende der eben besprochenen Lockerlinse ist an derselben Stelle bis zur Travertin-Oberkante eine 5,15 m mächtige Abfolge von Werkbänken mit nur ganz feinen Fugen ohne lockere Zwischenschichten. Im NW-Teil des (jüngeren) Steinbruches, mitten am Nordrand des gesamten Bruchgeländes, findet sich eine jüngere Linse mit Lockermaterial, die deutlich zwischen zwei Werkbänken liegt. Dr. DIEBEL (Berlin) verfolgte im Sommer 1962 die liegende Werkbank durch die übrigen Wände und stellte so fest, daß der Mittelkomplex auf dem gleichen Niveau lag wie die obere Höhle.

Die Linse macht einen viel weniger einheitlichen Eindruck als der Unterkomplex (Abb. 5). Es kommt hier Rostfärbung vor, sowohl als Bänder als auch als unregelmäßige kleine Flecken, auch Beimengung von grauen Mergelschmitzen in der Grundmasse. Eine durchgehende Schichtung konnte nicht festgestellt werden. Die Unterteilung in den Tabellen habe ich nachträglich nach der Faunenzusammensetzung vorgenommen, da die Beschaffenheit des Lockermaterials ziemlich einheitlich und die Färbung zu bunt war. Das gelöste Eisenhydroxyd ist doch sicher sekundär eingesickert.

Im unteren Teil des Mittelkomplexes finden wir von bedeutsamen Arten (Tab. 4) arten-

Abb. 5. Ansicht der Entnahmestelle der Probenreihe M 1 im Mittelkomplex.
Foto A. Barth

und individuenmäßig weniger, an Kälterelikten ist nur noch *Discus ruderatus* und *Pisidium* aff. *lapponicum* vertreten.

Aber vor allem fällt auf, daß der Individuenreichtum der Proben stark zurückgegangen ist, so daß hier keine Probe 1000 Fossilien erreicht. Am relativ stärksten ist der Anteil der Wassermollusken zurückgegangen. Eine einzige Probe enthält noch über 90 % davon, alle anderen beträchtlich weniger. Trotzdem bedingt nicht allein deren Rückgang das auffällige Zurücktreten von *Belgrandia* hier, die in 7 der 9 Proben völlig fehlt.

Von *Stagnicola* ist nur eine Art (*St. turricula*) nachgewiesen. Da aber die meisten Proben gar keine bestimmbaren *Stagnicola*-Juvenilen bzw. Fragmente enthalten, mag es Zufall sein, daß *St. corvus* hier nicht nachgewiesen ist.

In den oberen Schichten des Mittelkomplexes (Tab. 5) gehen Arten- und Individuenzahlen noch weiter zurück. An aussagekräftigen Arten ist nur noch *Belgrandia* nachgewiesen, und auch nur in einer einzigen Probe. Von *Stagnicola* ist, soweit die Reste überhaupt näher bestimmbar waren, nur *St. corvus* nachgewiesen. Da im Unterteil gerade nur *St. turricula* (dazu auch nur vereinzelt vorkommend) bestimmt werden konnte, ist es am wahrscheinlichsten, daß beide Arten im Verlauf der Ablagerung vorkommen und zufällig einmal diese und einmal jene erkennbar waren (in den meisten Proben war überhaupt nicht ersichtlich, um welche Art es sich handelte).

Die Individuenzahlen der Proben im Oberteil bleiben immer unter der theoretischen Mindestzahl von 300 erkennbaren Resten. Dadurch ist die Landfauna nur lückenhaft

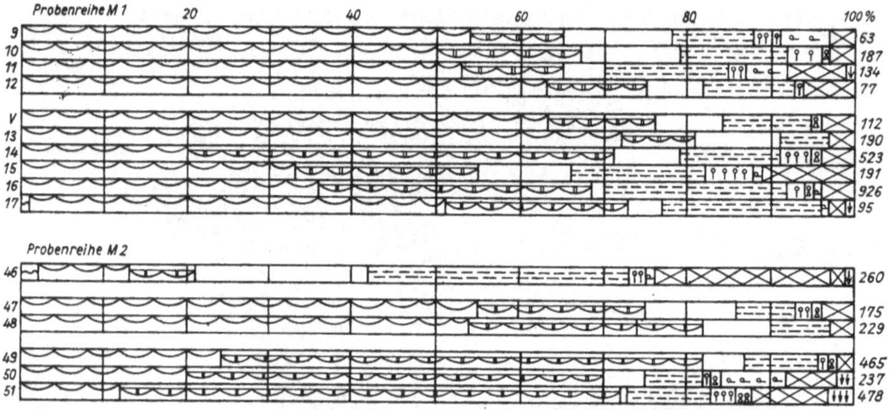

Abb. 6. Faunenspektren des Mittelkomplexes, oben Probenreihe M 1 von 1960, unten Reihe M 2 von 1962. Links Probennummern, rechts Individuenzahlen. Zeichenerklärung siehe Abb. 3 u. 4.

überliefert, diese und jene Biotopgruppe fehlt in einzelnen Proben völlig, sonst ist jede Gruppe auch nur andeutungsweise vertreten.

Da die Wasserschnecken doch nicht in gleichem Maße überwiegen wie im Unterkomplex und es sich überhaupt nicht um solche Mengen handelt, können wir uns hier mit einem Diagramm begnügen (Abb. 6).

Trotz der Schwankungen in der Zusammensetzung, die bei den Landschnecken am meisten auffällt und die sicher darauf zurückzuführen sind, daß in den Einzelproben nicht die vollständige Fauna gewonnen werden konnte, ist die Einheitlichkeit des zusammenhängenden Mittelkomplexes unverkennbar. Der Anteil der Landschnecken beträgt ca. 20 % (±12 %), und die individuenärmsten Proben, die weniger als 100 erkennbare Reste enthielten, unterscheiden sich nicht grundsätzlich von den reicheren (man vergleiche z. B. die Spektren von Probe 17 mit nur 94 Resten und von Probe 16 mit fast der 10fachen Individuenzahl!).

Im Einzugsgebiet der Ablagerung herrschten nach wie vor Gewässer mit Vegetationsgürtel und offenen Wasserstellen vor, bei den Landschnecken dominiert noch mehr oder weniger feuchtes, offenes Gelände, obwohl fast in jeder Probe jede mögliche Landbiotopgruppe vertreten ist. Es sei wiederholt, daß die Waldbewohner meist im Bodenlaub, unter Steinen oder Rinde leben und schon deshalb weniger Möglichkeiten bestehen, daß diese in die Thanatozönose eingeschwemmt werden. Bei den Halbschatten-Schnecken handelt es sich vorwiegend um große Arten, die nicht so leicht transportiert werden können. Das Vorhandensein von Wald ist, wenn auch nur andeutungsweise, immer wieder bezeugt.

Einzig Probe 46, die aus einer getrennten kleinen Linse stammt, vermittelt ein etwas anderes Bild. Zwar enthält sie auch nicht die geforderte Fossilienmenge von 300 Exemplaren, doch ist sie individuenreicher als die Proben der oberen Lagen des Mittelkomplexes. Hier bilden die Wassermollusken nur 42 % der Gesellschaft, und über die Hälfte dieser Menge wird von *Galba truncatula*, der Art der unbeständigen Gewässer, gestellt. Die Schnecken des feuchten und trockenen, offenen Geländes herrschen vor den Waldbewohnern weitaus vor. Da es sich nur um eine kleine Linse handelt, kann nicht gesagt werden, daß wirklich ein trockeneres Klima anzunehmen wäre.

Hinweise auf einen Klimawechsel sind nicht gegeben. Daß *Belgrandia* selten geworden ist, kann faziesbedingt sein. *Discus ruderatus* ist im Unterteil noch mehrmals in Einzelstücken nachgewiesen worden, sein Fehlen im Oberteil braucht nur zu bedeuten, daß die Art in den ärmeren Proben zufällig nicht mit erfaßt wurde.

Die Oberkomplexe

Im Hangenden, unmittelbar dem Banktravertin aufliegend, waren weitere Lockerschichten zugänglich. Dauernd aufgeschlossen blieb im Nordosten des Steinbruches eine Linse lockeren Travertins, aus der in den Jahren 1960 und 1961 je eine Probenreihe entnommen wurde. Im Jahre 1962 wurde eine weitere Linse westlich außerhalb der noch bestehenden Bruchwände durch Zufall geöffnet. Dieses Material war fossilienreicher als das der früher untersuchten Linse, und die Mächtigkeit war größer. Jedoch blieb die Linse nur auf einer Breite von wenigen Metern aufgeschlossen, und so begnügten wir uns mit einer Probenreihe von dort.

Die horizontale Ausdehnung beider Linsen ist nicht bekannt, doch kann als gewiß gelten, daß sie nicht verbunden waren, da zwischen ihnen der Banktravertin über dem Mittelkomplex das Liegende des noch zu erwähnenden Schwarzbodens bildet. Wie sie altersmäßig zueinander standen, war an Ort und Stelle nicht ersichtlich. Nach dem Faunenbestand glaube ich, den zuletzt untersuchten Oberkomplex II für älter halten zu müssen.

Oberkomplex II im NW des Bruches

Der liegende Banktravertin hatte hier eine unebene Oberfläche, deren unregelmäßige Höhlungen mit einem blättrigen Mergel ausgefüllt waren, der fast fossilienfrei und oben stark rostig verfärbt war, sonst grünlich, nach unten bräunlich werdend. Der aufliegende helle Chara-Sand war etwa 2 m mächtig. Daraus wurden 19 aufeinanderfolgende Proben entnommen, eine unter der anderen, deren Fauna nachstehend in 2 Tabellen aufgeführt wird (Tab. 6 u. 7). Das Hangende wurde hier nicht untersucht, es war gestört.

Schon bei Betrachtung der ersten Proben des Oberkomplexes II (Unterteil, Tab. 6) sieht man, daß eine große Ähnlichkeit in der Zusammensetzung mit den Proben des Unterkomplexes besteht. *Belgrandia* kommt wieder konstant vor, wenn auch in geringerer Anzahl, und dazu *Discus ruderatus* immer noch sporadisch in Einzelstücken, er hat also in den oberen Lagen des Mittelkomplexes nicht klimabedingt, sondern faciesbedingt oder auch zufällig gefehlt. Eine Muschel, *Pisidium hibernicum* WESTERLUND, erscheint hier erstmalig, die im wassermolluskenreichen Unterkomplex nicht nachgewiesen wurde, doch ist dieser Art, die heute noch im deutschen Raum lebend, aber durchaus nicht häufig vorkommt, wahrscheinlich keine ökologische Aussage abzugewinnen. Ich erinnere nur daran, daß diese Muschel zusammen mit *Discus ruderatus* in Süßenborn in einer Sandlinse über dem Oberen Mergel gefunden wurde (ZEISSLER 1969a), damals als *P. ferrugineum* bezeichnet, was sich laut KUIPER (1966) als Irrtum herausgestellt hat (die europäische *P. hibernicum* und die amerikanische *P. ferrugineum* sind zwei verschiedene Arten). Das Auftreten der beiden Arten wurde dort auch auf eine Übergangsfauna zurückgeführt.

Bei *Stagnicola* konnten in manchen Proben sowohl *St. corvus* als auch *St. turricula* er-

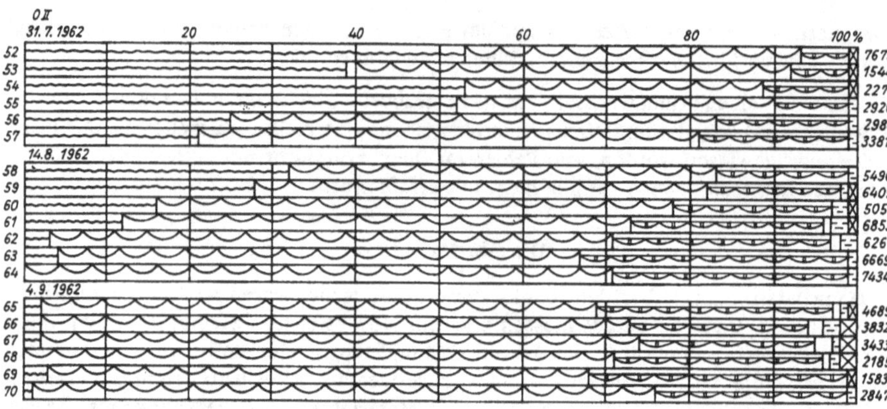

Abb. 7. Faunenspektren des Oberkomplexes II. Hier wurde nur eine Probenreihe entnommen. Die Trennung nach Entnahmetagen in der Zeichnung ist ebenso willkürlich wie die Halbierung in den Tabellen. Die Ähnlichkeit der Einzelspektren und die sukzessive Verschiebung der Mengenverhältnisse zeigt deutlich, daß es sich um eine kontinuierliche Ablagerung handelt.

kannt werden, doch immer nur jeweils ein Teil der vorhandenen Stücke, deshalb wurden sie nicht getrennt ausgezählt.

Im Oberteil des Komplexes O II (Tab. 7) ist wieder eine Zunahme von *Belgrandia* ersichtlich, so daß diese Art in den oberen Lagen bis über die Hälfte des gesamten Fossilienbestandes stellt. *Discus ruderatus* ist nur noch in einer Probe nachgewiesen worden, fehlte aber jedenfalls nicht.

Bei Betrachtung der Faunenspektren (Abb. 7) sehen wir, daß die Thanatozönose von den Wassermollusken bestimmt ist. Die Landschnecken stellen höchstens 4 %, oft aber weniger als 1 % des Bestandes. Auch ihre absoluten Zahlen bleiben klein. Wenn auch insgesamt das Vorhandensein aller möglichen Landbiotope da und dort bezeugt ist, fehlen doch in jeder Probe eine oder mehrere ökologische Gruppen gänzlich. Einzig die Gruppen der Feuchtlandbewohner und die Ubiquisten sind konstant, also die Bewohner offenen Geländes. Aber selbst die kleinsten Arten, die leicht vom Wasser verschwemmt werden können, sind nur spärlich vertreten.

Anscheinend ist im Verlauf der Ablagerung eine Zunahme der Bewohner bewegten Wassers ersichtlich. Dies betrifft immer nur *Belgrandia* und scheint lokale Ursachen zu haben. Vielleicht handelt es sich nicht einmal um die Änderung eines Quellbach-Laufes, denn wir sahen schon im Unterkomplex, daß sich bei kontinuierlicher Ablagerung Schalen, die klein, luftgefüllt und relativ engmündig sind, in den obersten Lagen anreichern.

Im gesamten bisherigen Verlauf ist kein Hinweis auf eine Klimaänderung gegeben, und es ist erstaunlich, wie lange sich Relikte aus einer kühleren Zeit im Einzugsgebiet noch gehalten haben.

Oberkomplex I über der Nordwand des Bruches (Abb. 8)

Die zuerst entdeckte Lockertravertin-Linse im Hangenden der Werkbank zeigte trotz

Abb. 8. Ansicht des Oberkomplexes O I und seines Hangenden, aufgenommen an der Entnahmestelle der Probenreihe O I/1. Der Schwemmtravertin über dem Schwarzerdeband ist heller und mehr weißlich als der Travertin im Liegenden, was im Foto nicht deutlich zur Geltung kommt. Foto A. Barth

ihres mengenmäßig geringeren Fossiliengehaltes einige Unterschiede gegenüber den bisher betrachteten Schichten aus der „Klippe". Hier sind wieder zwei Probenreihen entnommen worden. Es wurden auch Proben aus dem Hangenden entnommen, die am Schluß gesondert betrachtet werden sollen.

Da vom Oberkomplex I insgesamt 18 Proben vorliegen, seien wieder die untere und obere Hälfte getrennt in je einer Tabelle dargestellt (Tab. 8 u. 9).

In den Tabellen 8 u. 9 sind alle die Arten mit einem einfachen + bezeichnet, die im Oberkomplex I zum ersten Male nachgewiesen wurden und die nicht von ganz spezieller Aussagekraft sind. Sie gehören verschiedenen Biotopen an, auch eine ökologische Ausprägungsform einer Wasserschnecke (*Planorbis carinatus dudius* HARTMANN) ist dabei, jedoch betrifft der hauptsächliche Artenzuwachs die Waldbewohner. Mit ++ sind die Arten bezeichnet, die entweder in den vorhergehenden Tabellen schon hervorgehoben worden sind, teils als aussagekräftige Arten, teils aus anderen Gründen, wie *Stagnicola „palustris"*, von der auch hier nur einmal in Probe 45 die Art *St. corvus* erkannt werden konnte. Mit ++! endlich sind die Arten bezeichnet, die für die Altersstellung des Oberkomplexes I besonders bezeichnend sind.

Belgrandia ist noch vorhanden. Ihr weniger zahlreiches Vorkommen ist nicht klimatisch bedingt, sondern dadurch, daß das Einzugsgebiet, wie auch die Zunahme der Waldfauna zeigt, nicht mehr so wasserreich ist wie früher.

Discus ruderatus, das Relikt einer kühleren Übergangsfauna, ist nun endgültig verschwunden. Schon im Mittelkomplex fanden sich wenige Stücke von *Discus rotundatus*, der heute eine der häufigsten Schneckenarten überhaupt ist und im Wald gern an modrigem Holz, aber auch an Felsen und unter Steinen lebt, und der jetzt im Oberkomplex I auch in Anzahl vertreten ist. Ferner finden wir in einem einzigen Exemplar den *D. perspectivus* (MÜHLFELDT), die *„Patula solaria"* KLETTs, die er nur im Travertin vom Wendewehr vorfand. Sie war für ihn das Kriterium dafür, daß die Ablagerung Wendewehr älter sei als die der „Klippe", und nun erscheint die Art hier in den oberen Lagen! – *D. perspectivus* gehört auch in anderen Thüringer Travertinen der Gipfelphase des Interglazials an.

Nun wollen wir darlegen, was für Arten noch als Hochinterglazial-Anzeiger in Frage kommen. Als gründlich untersuchte Ablagerungen bieten sich uns wieder die Travertine des Ilmtals an, da für Burgtonna noch keine ähnlich ausführliche Untersuchung zur Verfügung steht. Für die Gipfelphase des Interglazials werden dort (ZEISSLER 1958b, 1962, 1977) folgende 6 Arten genannt:

Subalpin:	Südeuropäisch:
Pagodulina pagodula (DESMOULINS)	*Helicigona banatica* (ROSSMÄSSLER)
Discus perspectivus (MÜHLFELDT)	*Cepaea vindobonensis* (FÉRUSSAC)
Aegopis verticillus (LAMARCK)	*Cepaea tonnensis* (SANDBERGER)

In den Einzelproben sind in der Regel nicht alle 6 Arten gemeinsam vertreten, zumal es sich dabei zum Teil um größere Arten handelt, die nicht so leicht unbeschädigt fossil werden wie die kleineren. In den doch recht spärlichen Proben des Oberkomplexes I ist immerhin die Hälfte dieser Arten nachgewiesen worden, nämlich der eine unbeschädigte *D. perspectivus*, eine Schalenspitze von *Aegopis verticillus*, zwei Fragmente von *Cepaea vindobonensis*, die auch schon einmal in tieferer Lage gefunden werden konnte. Dazu kommt noch *Vitrea subrimata* (REINHARDT), eine Art, die in Weimar und Taubach ebenfalls im Hochinterglazial vertreten ist, jedoch im Weimarer Oberen Travertin noch eine Zeit als Relikt vorkommt, aber ebenfalls subalpin verbreitet ist und in der Gegend nicht mehr lebt.

Insgesamt sind die Hinweise auf die zeitliche Stellung spärlich, was wohl auch damit zuammenhängt, daß hier gerade erst der Anfang des Hochinterglazials erfaßt wird. Auch die allgemeine Zunahme der Waldschnecken, insbesondere der Clausiliiden, bestätigt, daß die Umweltbedingungen, zu denen das Klima ja gehört, nun günstiger sind als zuvor. Solche spärlichen Hinweise konnten leicht einem Sammler entgehen, der nur kleine Proben entnahm oder gar, wie KLETT, eine summarische Liste aufstellte und dazu vor allem die reichsten Schichten untersuchte. Der Travertin vom Wendewehr, von dem KLETT außer *D. perspectivus* in Anzahl auch *V. subrimata* angibt, müßte dann im Alter unmittelbar auf den Oberkomplex I folgen.

Nachdem wir die Aussage des Artenbestandes betrachtet haben, bleibt uns nicht mehr viel über die Faunenspektren zu sagen (Abb. 9). Fast die Hälfte der untersuchten Proben ergaben keine ausreichende Fossilienmenge, und deshalb geben ihre Spektren auch kein reales Bild der Faunenzusammensetzung. Nur insgesamt 7 Proben enthielten eine Individuenzahl, die für eine zuverlässige Aussage ausreicht, einige ärmere Proben sind in der Zusammensetzung wenigstens ähnlich. Gesichert scheint nur, daß hier die Gewässer und Sümpfe zurücktreten und in den unteren Lagen der Linse die Landfauna das klare Übergewicht hat. Einen guten Teil davon stellt die Waldfauna. Bedenkt man nun, daß Waldschnecken eine viel geringere Chance haben, in einer zusammengeschwemmten Thanatozönose fossil zu werden, so kann man annehmen, daß doch der Wald über das offene Gelände dominierte. Da Wald in Mitteleuropa optimale Klimaverhältnisse anzeigt, bestätigt auch die allgemeine Faunenzusammensetzung die Annahme, daß wir dem Hochinterglazial nahe sind. Die scheinbar relative Zunahme der Wasserfauna in den beiden

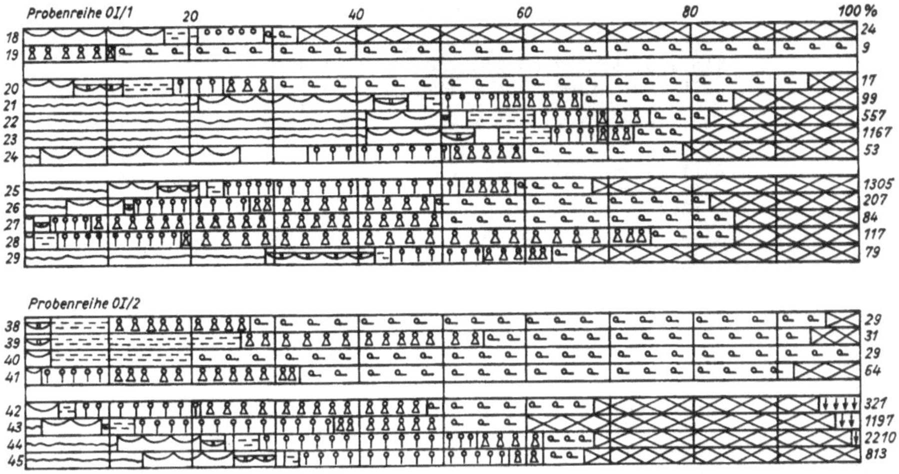

Abb. 9. Faunenspektren des Oberkomplexes O I, Probenreihe O I/1 umfaßt auch die beiden Proben des Hangenden. Anordnung wie in Abb. 3, 4 u. 6, Zeichenerklärung siehe Abb. 3 u. 4. Hier ist besonders auffällig die schwankende Fossilienmenge, insbesondere die geringen Individuenzahlen in den Deckschichten, die auf sekundäre Umlagerung schließen lassen. Die Spektren dieser Lagen sind nicht real, da sie nicht mehr die gesamte Fauna umfassen.

reichen Proben des Oberteils beruht einzig auf vorübergehender Zunahme von *Belgrandia* und dürfte nur von lokaler Bedeutung sein.

Der Oberkomplex I ist also sichtlich der jüngste Teil der geschlossenen Travertin-Ablagerung an der „Klippe". Den gesamten Travertin schließt nach oben eine Bodenbildung ab.

Das Hangende

Der Schwarzboden, der dem Travertin aufliegt, ist auch an den anderen Seiten des Bruches zu sehen. Wo kein Lockermaterial den Abschluß bildet, liegt er dem Banktravertin unmittelbar auf. Über dem Oberkomplex I ist eine Kontaktzone zu sehen, in der sich der liegende Travertin und die Schwarzerde mischen, stellenweise ist auch ein gelber Mergel beigemengt. Aus dieser Mischzone wurde der Vollständigkeit halber an der rechten Seite des Oberkomplexes eine Probe entnommen, der Schwarzboden selbst schien fossilienfrei. Darüber war an der Nordseite des Bruches, im Bereich der beiden Oberkomplexe, eine geringmächtige Schicht von weißlich-hellgrauem Schwemmtravertin aufgeschlossen, aus der ich ebenda, weil sie dort am mächtigsten schien, ebenfalls eine Probe entnahm (Tab. 10). Über dem Ostende des Oberkomplexes I schob sich zwischen den hellen Schwemmtravertin und den Ackerboden noch eine gelbe Mergel- oder Löß-Linse, in der ebenfalls keine Fossilien ersichtlich waren und aus der deshalb nichts entnommen wurde (siehe Abb. 8).

Die Faunenspektren werden der Vollständigkeit halber in Abb. 9 mit gegeben. Um eine Aussage der ökologischen Situation zu gewinnen, ist beide Male der Fossilienbestand viel zu klein, deshalb müssen die Spektren als untypisch angesehen werden. Ferner fehlt jede Art von besonderer Aussagekraft. So kann ich über das Alter des weißlichen Schwemm-

Tabelle 10.

Probe 19 aus der Kontaktzone: Gemisch aus Travertingrus, gelbem Mergel und Schwarzerde.
Probe 18: weißlicher Schwemmtravertin.
Beide Proben vom 20. Juli 1960, zu je 10 Liter, leg. ALBRECHT u. ZEISSLER.

	19	18
Stilles bis leichtbewegtes Wasser:		
Bithynia tentaculata	-	2
Planorbis planorbis	-	1
Bathyomphalus contortus	-	1
Wassermollusken insgesamt:	-	4
Prozent:	-	16,67
Feuchtes Land:		
Zonitoides nitidus	-	1
Prozent:	-	4,17
Mäßig feucht, Schatten, an Holz oder Stein:		
Discus rotundatus	1f	-
Oxychilus cellarius	-	1
Helicodonta obvoluta	-	1f
Anzahl:	1	2
Prozent:	11,10	8,33
Mäßig feucht, Halbschatten:		
Bradybaena fruticum	6f	1f
Cepaea sp.	2f	-
Anzahl:	8	1
Prozent:	88,90	4,17
Ubiquisten:		
Vallonia excentrica	-	1
Vallonia costata	-	6
Cecilioides acicula	-	3
Nesovitrea hammonis	-	6
Anzahl:	-	16
Prozent:	-	66,66
Landschnecken insgesamt:	9	20
Prozent:	100	83,33
Gesamtbestand:	9	24

travertins nur so viel sagen, daß nach Ablagerung des Oberkomplexes eine lange Zeit verstrichen sein muß, mindestens das gesamte Hochinterglazial und die 2. *Belgrandia*-Phase, wie sie etwa im Oberen Travertin von Weimar (ZEISSLER 1962a) ersichtlich ist. Ob der Schwemmtravertin spätinterglazialer oder postglazialer Herkunft ist, könnte man vielleicht mit geologischen oder archäologischen Methoden feststellen. Leider haben die Geologen BERNSTORFF (1960) und JORDAN (1962) diese Schichten nicht mehr in ihre Untersuchung einbezogen.

Gesamtergebnis

Nachdem das Material nun dargestellt ist, seien die Bestände der einzelnen Lockerkomplexe mit der KLETTschen Liste und untereinander verglichen.

In KLETTs Artenliste sind 60 Arten aufgeführt. Wir konnten insgesamt 101 Arten nachweisen, wobei es sich vorwiegend um Landschnecken, zumeist um seltenere und teils recht aussagekräftige Arten handelt. Nichtsdestoweniger haben wir 3 Arten KLETTs nicht wiedergefunden: die „*Xerophila striata nilssoniana*", die sich als Bestimmungsfehler erwies, und deren Belegstück (*Helicella itala* LINNAEUS) vom Grubenrand in seine Proben hineingefallen sein muß; 2. *Ancylus fluviatilis*, eine Schnecke fließenden Wassers, die ausschließlich an Steinen lebt und wegen ihrer relativ großen Mündung nur ausnahmsweise in eine zusammengeschwemmte Thanatozönose gelangen kann; 3. *Clausilia pumila* C. PFEIFFER, ein Bewohner auenwaldartigen Geländes, die höchstwahrscheinlich aus dem Oberkomplex I stammt, wo wir 6 weitere Clausiliidenarten fanden. Da von dieser Gruppe in der Regel nur erwachsene Schalen und von Fragmenten nur Unterteile bestimmbar sind und die ganze Gruppe aus ökologischen Gründen in Fossilienlagern immer unterrepräsentiert ist, ist das Wiederfinden dieser Art ebenfalls eine Zufallssache.

Die Artenverteilung in den einzelnen Lockerlinsen ist übrigens recht bezeichnend (Tab. 11):

Tabelle 11. Verteilung der Land- und Wasserbewohner.

	Unter-komplex	Mittel-komplex	Oberkomplexe II	Oberkomplexe I	"Klippe" insgesamt
Wasserschnecken-Arten	22	14	20	16	25
Muschel-Arten	5	5	6	6	8
Wasserbewohner:	27	19	26	22	33
Landschnecken-Arten	40	29	31	56	68
Artenbestand:	67	48	57	78	101

Wir sehen da, daß der Unterkomplex seinen großen Artenreichtum dem Landschnecken-Anteil verdankt, der mengenmäßig gar nicht ins Gewicht fällt, wie das Gesamt-Faunenspektrum seiner Schichten zeigt. Am artenreichsten ist der Oberkomplex I trotz seiner relativen Individuenarmut – die uns außerdem vermuten läßt, daß wir noch nicht den gesamten Artenbestand erfaßt haben!

Dagegen ist der Mittelkomplex, der etwa ebenso individuenarm ist, gleichzeitig auch am artenärmsten. Keine seiner Arten ist ihm eigentümlich, er enthält jede Art mit einem der anderen Komplexe gemeinsam.

Der Unterkomplex weist 6 Arten auf, die weiter oben nicht mehr auftauchen:

Columella aff. *columella*
Vertigo alpestris
Vertigo genesii
Pupilla triplicata
Succinea putris
Cepaea nemoralis

Deren Aussagewert ist nicht gleich groß. *Succinea putris* ist zartschalig und hat eine große Öffnung, deshalb ist ihr Fossilwerden nur dann gesichert, wenn sie nahe der Ablagerungsstelle gelebt hat. *Cepaea* ist nur dann bis zur Art bestimmbar bzw. *C. nemoralis* ist gegen *C. hortensis* sicher abgrenzbar, wenn der Mundsaum vorhanden ist, sie könnte sich also auch noch unter den zahlreichen unbestimmbaren *Cepaea*-Wandfragmenten in anderen Linsen verbergen. Immerhin sind drei von diesen Arten Relikte einer kälteren bzw. kontinentaleren Klimaperiode: die hochalpinen *C. columella* und *Vertigo genesii* sowie *Pupilla triplicata*, die z. B. im Mindel-Ilmkies von Süßenborn recht häufig ist (ZEISSLER 1969a).

Auch der Oberkomplex II weist zwei Arten für sich allein auf: einmal *Pupilla sterri* (VOITH), die ebenso kontinental ist wie *P. triplicata*. Uns darf dabei nicht täuschen, daß sie heute in Thüringen vorzugsweise an den wärmsten Stellen lebt, insbesondere an sonnenexponierten Felswänden und Schutthängen des Muschelkalks, denn auch sie ist ursprünglich Steppenbewohner und verträgt in der Winterruhe große Kälte. Über die ökologische Aussagekraft von *Pisidium hibernicum* WESTERLUND hingegen bin ich nicht sicher. Jedenfalls kann *P. sterri* nicht während der warm-feuchten *Belgrandia*-Zeit erst eingewandert sein. Sie dürfte also auch im Unterkomplex vorkommen und nur zufällig nicht mit erfaßt worden sein.

Aber der Oberkomplex I weist 21 Arten auf, die in älteren Ablagerungen nicht nachgewiesen werden konnten:

Acicula polita
+ *Vertigo substriata*
Orcula doliolum
+ *Vallonia enniensis*
Acanthinula aculeata
+ *Discus perspectivus*
Arion sp.

Vitrea diaphana
+ *Vitrea subrimata*
Vitrea crystallina
+ *Aegopis verticillus*
Aegopinella nitens
Oxychilus alliarius
Cochlodina laminata

Clausilia parvula
Clausilia bidentata
Iphigena ventricosa
Iphigena plicatula
Laciniaria cana
Helicodonta obvoluta
Arianta arbustorum

Mit + bezeichnet sind hier die Arten, die seither wieder aus dem Gebiet verschwunden sind. Davon kommt in Thüringen noch heute *Vertigo substriata* (JEFFREYS) vor. Ihre nächste mir bekannte Fundstelle befindet sich in der Ludwigsklamm bei Eisenach (ZEISSLER 1976). Ein rezentes Thüringer Vorkommen von *Vallonia enniensis* GREDLER ist mir nicht bekannt, doch könnte sie m. E. an geeigneten Stellen noch gefunden werden. Die übrigen drei Arten sind subalpin und gehören zusammen mit *C. vindobonensis* zu den Anzeigern der Gipfelphase des Eem-Interglazials, wie schon ausführlich dargelegt. Ihre Spärlichkeit hier beweist nur, daß wir gerade noch den Anfang dieser Phase erfaßt haben. Die übrigen im Oberkomplex I neu gefundenen Arten sind echte oder fakultative Waldbewohner. Man soll nicht glauben, daß sie alle vorher nicht in der Umgebung vorkamen. Im Unterkomplex, in dem trotz einiger Individuenarmut doch die Landschnecken den Artenreichtum ausmachen, sind z. B. unbestimmbare Clausiliidenreste gefunden worden. Wir sagten bei Betrachtung dieser Gesellschaft, Wald müsse unstreitig vorhanden gewesen sein, nur in einiger Entfernung vom Sumpf; Waldbewohner seien deshalb unterrepräsentiert, da die Krautschicht das Verschwemmen von Schalen oft verhinderte. Nun aber ist offensichtlich der Wald ganz nahe an der Ablagerungsstelle vorhanden gewesen. Wenn die Waldschnecken an Ort und Stelle fossil geworden wären, würde die Zusammensetzung noch etwas anders aussehen, z. B. wären mehr zerbrechliche Schalen vorhanden. Auch würde sich durch das Fallaub Humus gebildet haben, der dem Travertin beigemengt wäre, was nicht der Fall war. Travertinschichten mit Humus-Beimengung und vorwiegender Waldfauna findet man an verschiedenen Stellen des Weimarer Eem in den Parkhöhlen (ZEISSLER 1962a u. 1967b), und zwei ähnliche Schichten gehen durch die gesamte Taubacher Ablagerung (ZEISSLER 1958b, 1977).

Das Landschaftsbild muß so gesehen werden: Quellbäche speisten ein ausgedehntes Sumpfgelände, das oberhalb der Ablagerungsstelle gelegen war. Normalerweise flossen aus ihm kleine Rinnsale ab, die auf dem breiten Hang unregelmäßig verliefen und durch Verdunstung Sinter absetzten. Im Sumpfgebiet selbst könnte nur Seekreide abgelagert worden sein. Gelegentliche Hochwässer spülten leere Schneckengehäuse ein, in erster Linie aus dem Sumpf, außerdem aus den höher und entfernter gelegenen Wiesen, Trockenrasen, Gebüsch und Wald. *Belgrandia* sagt uns, daß die Jahresdurchschnittstemperatur höher war als heute, die Kaltzeit-Relikte besagen, daß eine kältere Klimaphase vorangegangen ist. Diese Verhältnisse dauern den größten Teil der Zeit an. Erst zur Zeit der Ablagerung der jüngsten Linse (O I) ist der Sumpf wahrscheinlich zum Teil verlandet und an dessen Stelle Wald aufgewachsen. In welchem Maße offenes Gelände dabei erhalten blieb, mag dahingestellt bleiben, denn Gebüschbewohner und Ubiquisten konnten sich auch in lichteren Teilen des Waldes erhalten. Das Auftreten ökologisch anspruchsvollerer Arten zeigt eine weitere Erwärmung an. Als die Ablagerung abgeschlossen war, war jedoch der Wärme-Höhepunkt noch nicht völlig erreicht, denn einige weitere Arten des Hochinterglazials, die KLETT aus dem nicht weit entfernten Burgtonna (1919, 1927) angibt, wie *Ruthenica filograna, Helicigona banatica* und *Cepaea tonnensis*, die wohl auch später nach Mühlhausen gelangt sein dürften (*R. filograna* kannte KLETT vom Aufschluß Wendewehr), wurden hier nicht mehr fossil.

Die Altersstellung ist damit nun geklärt. Die Ablagerung ist in der ersten Hälfte des Eem-Interglazials erfolgt, nicht gleich zu Beginn, denn die ältesten Lagen führen schon *Belgrandia*, womit schon eine fortgeschrittene Phase charakterisiert wird. Sie ist abgeschlossen, ehe alle Hochinterglazial-Anzeiger das Gebiet erreicht haben. Hier unmittelbar anzuschließen wäre nun der Travertin von Mühlhausen-Wendewehr, in dem KLETT *Discus perspectivus* häufig und auch *Ruthenica filograna* in mehreren Exemplaren nachgewiesen hat. Da er eine Gesamtmächtigkeit der Ablagerung von 20–30 cm angibt, wird also auch an dieser Stelle der Höhepunkt des Interglazials noch nicht erreicht.

Zusammenfassung

Die konchyologische Untersuchung des Travertins von Mühlhausen („Klippe") nach neuen Gesichtspunkten, wobei aus den verschieden großen Linsen Lockermaterial durchweg dezimeterweise als Proben entnommen wurde, hat nicht nur KLETTs Artenliste von 60 Arten um 41 weitere vermehrt, sondern auch durch ausreichende Größe der Einzelproben die spärlich vorkommenden ersten Hinweise auf eine Klimaänderung innerhalb der Ablagerung geliefert. Nicht nur, daß das Vorhandensein von Relikten kühlerer Perioden den Schluß nahelegte, es müsse sich um jene Phase handeln, die dem Hochinterglazial unmittelbar vorangeht, sondern es wurden auch einige der Hochinterglazial-Anzeiger in Einzelexemplaren im jüngsten Teil der Ablagerung festgestellt.

KLETT, dem diese spärlichen Hinweise entgangen waren, hatte nach einer alten Regel („Je mehr erloschene Arten, umso älter die Ablagerung") den Travertin der „Klippe" in die Zeit nach dem Hochinterglazial eingestuft. Wir können nun diese Ablagerung altersmäßig in die Ablagerungslücke vor dem braunen Taubacher „Molluskensand" (ZEISSLER 1977) bzw. O. SCHMIDTs „Knochensand" (ZEISSLER 1958b) bzw. vor den Auenmergel unter dem Travertin der Weimarer Parkhöhlen (ZEISSLER 1962a) stellen. Diese Phase ist in den Ilmtal-Travertinen überhaupt nicht repräsentiert.

Hypothetisch sähe also der Ablauf des Eem-Interglazials jetzt so aus (nach den bisher bekannten Ablagerungen):

1. Fauna der heutigen ähnlich: möglicherweise Ehringsdorf, wenn sich durch die Großsäugerfossilien ein höheres Alter bestätigen sollte.
2. Fauna mit *Belgrandia*, Hochinterglazial-Anzeiger sind noch nicht da: Hauptteil der „Klippe".
3. Fauna mit *Discus perspectivus* und *Belgrandia*: Oberkomplex I der „Klippe", Mühlhausen-Wendewehr, Unterer Travertin von Taubach sowie Auenmergel und Unterer Travertin von Weimar.
4. Fauna nur noch mit *Belgrandia*, ohne *Discus perspectivus*: Oberer Travertin von Weimar und Taubach.

5. Fauna der heutigen ähnlich: Mühlhausen-Weidensee, nach der alten Einstufung auch Ehringsdorf.

Von anderen Eem-zeitlichen Travertinen liegen mir keine ausreichenden Informationen vor, sie würden sich aber wohl in diesen Ablauf einordnen lassen.

Also lautet die Altersfolge der älteren Travertine von Mühlhausen jetzt folgendermaßen: Zuerst wurde das Travertinlager vom Tonberg-Schützenberg abgelagert, direkt anschließend das von Wendewehr, und viel später, gegen das Ende des Interglazials, das von Weidensee.

Summary

NEW RESEARCH OF THE FOSSIL SHELLS FROM THE INTERGLACIAL CALCAREOUS TUFA EXPOSURE „AN DER KLIPPE" IN MÜHLHAUSEN (THURINGIA)

To the list reported by KLETT (1919, 1927) of 60 species (one of which proved to be an error), we could add further 41 ones. As we took samples of a sufficient size and worked them separately we also got a better information of the age of this deposit. On the whole we collected 68 species of land snails, 25 freshwater snails, 8 small bivalves, a total of 101 species.

KLETT had already found out that the tufa had been deposed during a warm phase of the interglacial, but not the warmest one. By an old rule ("the more extinct species, the older the deposit") he had dated the tufa as younger than the climax. We found two facts to contradict him: 1. Some relic species of a cooler time that must have preceded. 2. Few specimens of snails indicating the climax phase in the youngest part of the layer, e. g. *Discus perspectivus*, *Aegopis verticillus*, and *Vitrea subrimata* indicate a further improvement of the climate.

Now hypothetically the phases of the Eem-interglacial run as follows:

1. Fauna resembling the recent one: perhaps Ehringsdorf, if the big vertebrate fossils will really prove an earlier age.

2. Fauna with *Belgrandia*, other snails of a rather warm climate not yet present: Mühlhausen-Klippe, main part.

3. Fauna with *Discus perspectivus* and *Belgrandia*: Upper complex I of Mühlhausen-Klippe, Mühlhausen-Wendewehr, Lower Tufa of Taubach, Marl and Lower Tufa from Weimar-Park.

4. Fauna with *Belgrandia* without *Discus perspectivus* and other high interglacial index species: Upper Tufa from Taubach and Weimar-Park.

5. Fauna similar to the recent one: Mühlhausen-Weidensee, and after the old opinion Ehringsdorf also.

I am not in possession of sufficient information concerning other Thuringian tufas of the Eem, but they surely could be put into this succession also.

So the relative age for the Mühlhausen older tufas established by KLETT must be corrected as follows: First the Tufa Tonberg(= Klippe)-Schützenberg was deposed, immediately afterwards that of Mühlhausen-Wendewehr, and much later, against the end of the interglacial, that of Weidensee.

Literatur

BENTHEM-JUTTING, W. S. S. VAN; KUIPER, J. G. J., 1942: De Lamellibranchia van het Naardermeer. – Basteria, **7**: 53–71.

BERNSTORFF, U., 1960: Die Gastropoden des älteren Travertins von Mühlhausen. – Unveröff. Belegarbeit Geol. Inst. BA Freiberg, Nr. 356, 41 S., 4 Tfln.

BORNEMANN, 1856: Über die Diluvial- und Alluvialbildungen der Umgegend von Mühlhausen im Gebiete des oberen Unstrutthales. – Zeitschr. Deutsch. Geol. Ges., **8**: 89–166.

CLAUS, H., 1964: Vinca cf. major L. im Travertin von Mühlhausen in Thüringen und ihre klimatologische Bedeutung. – Geologie, **13**: 1147–1149.

EHRMANN, P., 1933 bzw. 1956: Mollusca. In: Die Tierwelt Mitteleuropas. Leipzig.

ELLIS, A. E., 1962: British Freshwater bivalve Molluscs. – Linnean Synopsis of the British Fauna, No. 13. London.

FAVRE, J., 1927: Les mollusques post-glaciaires et actuels du bassin de Genève. – Mém. Soc. Phys. Hist. Nat. de Genève, **40**: 171–434.

—, 1940: La Fauna malacologique post-glaciaire et actuelle du Lac du Bourget. – Ann. École Nat. Eaux Forêts, **7**: 295–444.

GEYER, D., 1927: Unsere Land- und Süßwasser-Mollusken. 3. Aufl., Stuttgart.

GOLDFUSS, O., 1900: Die Binnenmollusken Mitteldeutschlands. Leipzig.

JACKIEWICZ, M., 1959: Badania nad zmienościa i stanowiskiem systemtycznym *Galba palustris* O. F. Müll. – Poznańskie towarstw. przyjac. nauk., Prace kom. biolog., **19**: 19–174. (Poln. mit engl. Zus.)

JAECKEL, S. G. A., 1962: Ergänzungen und Berichtigungen zum rezenten und quartären Vorkommen der mitteleuropäischen Mollusken. In: Die Tierwelt Mitteleuropas, Mollusken-Ergänzung: 27–294. Leipzig.

JORDAN, H., BERNSTORFF, U. u. GRÜNDEL, J., 1962: Die Ostracoden des Älteren Travertins (Pleistozän) von Mühlhausen (Thür.). – Freiberger Forschungshefte, C 125: 65–126.

KAISER, E., 1905: Erläuterungen zur Geologischen Karte von Preussen, Blatt Langula. Berlin.

KLETT, B., 1912: Geologische Wanderungen. Langensalza.

—, 1919: Die Konchylienfauna diluvialer und alluvialer Ablagerungen in der Umgebung von Mühlhausen i. Thür. I. Teil. – Nachrbl. Deutsch. Malak. Ges., **51**: 60–67.

—, 1921: Die Kochylienfauna ... IV. Teil. – Arch. Moll., **53**: 185–200.

—, 1927: Die Conchylien diluvialer und alluvialer Schichten in Westthüringen. II. Die diluvialen Kalktufflager. – Zeitschr. Naturwiss., **88**: 57–84.

KUIPER, J. G. J., 1966: The Status of *Pisidium hibernicum* Westerlund. – Journ. Conch., **26**: 42–46.

McKENNA, M. C., ROBINSON, P. u. TAYLOR, D. W., 1962: Notes on Eocene Mammalia and Mollusca from Tabernacle Butte, Wyoming. — American Museum Novitates, 2102: 1–33.

MÜLLER, A. H., 1960, 1965: Lehrbuch der Paläozoologie, Band 2, Teil 2, Mollusca 2. Jena.

MUSIL, R., VALOCH, K., 1966: Beitrag zur Gliederung des Würms in Mitteleuropa. – Eiszeitalter u. Gegenwart, **17**: 131–138.

SCHLESCH, H., 1947: The Pisidia of Tövelde Klint. – Proc. Malac. Soc. London, **27**: 137–140.

SEEBACH, K.-V. v., 1883: Erläuterungen zur Geologischen Spezialkarte von Preussen, Blatt Mühlhausen, Nr. 56/43: 10–12.

STEUSLOFF, U., 1953: Wanderungen und Wandlungen der Süßwassermollusken Mitteleuropas während des Pleistozäns. – Arch. Hydrobiol., **48**: 210–236.

TETENS, A., ZEISSLER, H., 1964: Über das Vorkommen der seltenen Pisidienarten im Norddeutsch-Polnischen Raum sowie im Eder- und Schwalmgebiet von Hessen, nebst ökologischen Angaben und Beobachtungen. – Malak. Abh. Mus. Tierk. Dresden, **1** (5): 89–133.

WÜST, E., 1900: Untersuchungen über das Pliozän und das ältere Pleistozän Thüringens nördlich vom Thüringer Walde und westlich von der Saale. – Abh. Naturf. Ges. Halle, **23**: 1–352.

—, 1910: Die plistozänen Ablagerungen des Travertingebietes der Gegend von Weimar und ihre Fossilienbestände in ihrer Bedeutung für die Beurteilung der Klimaschwankungen des Eiszeitalters. – Zeitschr. Naturwiss., **82**: 101–252.

ZEISSLER, H., 1956: *Pisidium vincentianum* im Ehringsdorfer Pleistozän. – Arch. Moll., **85**: 197–198.
—, 1958a: Vorbericht über die Molluskenfaunen über den Schichten des Ehringsdorfer Quartärs. – Alt-Thüringen, **3**: 29–71.
—, 1958b: Die fossilen Konchylien von Taubach aus dem Nachlaß O. Schmidt. – Alt-Thüringen, **3**: 72–96.
—, 1959a: Hydrobiologische Untersuchungen an einem travertinabsetzenden Gewässer. – Unveröff. Diplomarbeit, Karl-Marx-Universität Leipzig.
—, 1959b: Die Schnecken des Waldes von Buchfart (Kreis Weimar). – Arch. Moll., **88**: 171–182.
—, 1960: Wassermollusken der Umgebung von Weimar. – Abh. Ber. Mus. Tierk. Dresden, **25**: 81–90.
—, 1962a: Mollusken aus dem Pleistozän von Weimar. – Freiberger Forschungshefte, C 151: 108–147.
—, 1962b: Schnecken der Steingräben westlich Mühlhausen in Thüringen. – Arch. Moll., **91**: 25–38.
—, 1964: Wassermollusken aus der Umgebung von Mühlhausen in Thüringen. – Arch. Moll., **93**: 221–231.
—, 1966: Zur Verbreitung der *Helicella*-Arten (Moll. Pulm.) im deutschen Pleistozän sowie der *Helicella geyeri* (Soós 1926) im Altholozän. – Hercynia, **3**: 14–30.
—, 1967a: Zwei thüringische Ablagerungen mit *Vallonia tenuilabris* (A. Braun). – Malak. Abh. Mus. Tierk. Dresden, **1** (18): 253–275.
—, 1967b: Konchylien aus der kleineren Parkhöhle in Weimar, Belvederer Allee 5. – Hercynia, **4**: 263–278.
—, 1969a: Konchylien aus den mittelpleistozänen Ilmablagerungen von Süßenborn bei Weimar. – Paläont. Abh., A **3** (3–4): 415–461.
—, 1969b: Zum Unterschied in der Zusammensetzung der Molluskenfaunen benachbarter Nord- und Südhänge. 2. Sommer- und Winterstein bei Hallungen im Hainich. – Malak. Abh. Mus. Tierk. Dresden, **2** (20): 261–278.
—, 1970a: Eine Konchylien-Probenreihe aus dem interglazialen Travertin von Burgtonna bei Bad Langensalza. – Malak. Abh. Mus. Tierk. Dresden, **3** (9): 99–108.
—, 1970b: Die Schnecken im nördlichen Hainich zwischen dem Bahnhof Heyerode und dem Schloßberg bei Nazza. – Malak. Abh. Mus. Tierk. Dresden, **3** (6): 43–70.
—, 1971: Die Muschel *Pisidium*. – Limnologica, **8** (2): 453–503.
—, 1975a: Konchylien aus dem Ehringsdorfer Pleistozän. – Abh. Zentral. Geol. Inst. (Paläont. Abh.), **23**: 15–90.
—, 1975b: Konchylien aus gelegentlichen Aufschlüssen im Ostteil des pleistozänen Travertins von Weimar seit dem Jahre 1964. – Quartärpaläontologie, **1**: 69–86.
—, 1976: Schnecken aus drei Felsentälern im Eisenacher Rotliegenden. – Malak. Abh. Mus. Tierk. Dresden, **5** (2): 21–31.
—, 1977: Konchylien aus dem Pleistozän von Taubach, Grube Vollmar. – Quartärpaläontologie, **2**: 139–160.
—, 1979: Konchylien aus gelegentlichen Aufschlüssen im Westteil des pleistozänen Travertins von Weimar seit dem Jahre 1964. – Malak. Abh. Mus. Tierk. Dresden, **6** (3): 53–73.

Anschrift der Autorin:
Dr. H. Zeißler, DDR – 7022 Leipzig, Michael-Kazmierczak-Straße 3.

III-28-2 D 153/79

MALAKOLOGISCHE ABHANDLUNGEN

STAATLICHES MUSEUM FÜR TIERKUNDE IN DRESDEN

Band 6 Ausgegeben: 28. Mai 1980 Nr. 20

Molluskenfunde im Magen der Maräne Coregonus sp. (Osteichthyes)

CHRISTINA FRANK

Wien

Die Coregonen, Maränen, Renken oder Felchen sind wertvolle, geschätzte Speisefische und stellen eine der systematisch schwierigsten Fischfamilien dar. Im allgemeinen handelt es sich um schlanke, seitlich depresse Fische mit kleinem Kopf und verhältnismäßig großen Flossen. Der Rücken ist blau- bis olivgrün; Seiten und Bauch sind silberweiß („Heringe des Süßwassers"). Die bis etwa 40 cm lange und ½ kg schwere europäische Art ist *Coregonus lavaretus* L. (Große Maräne, Felchen, Renke). Unter dieser Bezeichnung werden heute mehrere Subspezies, Populationen und Bastardierungen zusammengefaßt, da eine klare Grenzziehung zwischen ihnen nahezu unmöglich ist. Einzig *Coregonus albula* L., die sog. Kleine Maräne, kann auf Grund morphologischer Merkmale klar und deutlich abgetrennt werden. Ein aus den am ersten Kiemenbogen befindlichen Reusenzähnen (30–47) bestehender Filtrierapparat ermöglicht die mikrophagische Lebensweise, wobei sowohl tierisches wie auch pflanzliches Plankton aus dem Wasser herausgefiltert wird.

Von 40 aus dem Hallstättersee (Salzkammergut, Oberösterreich) stammenden Coregonen (am 13. April 1977 gefangen) wurden die Mageninhalte untersucht. Bei einem erwachsenen weiblichen Tier fiel das Organ bereits durch die pralle Füllung auf, wobei man schon vor der Eröffnung die Umrisse von Muschelschalen deutlich erkennen konnte. Alle anderen untersuchten Tiere waren kleiner und jünger; möglicherweise nehmen nur die älteren fallweise Weichtiernahrung zu sich. Dies ist sicherlich auch dadurch bedingt, daß das Nahrungsangebot in den kälteren Seen (zu denen die Salzkammergutseen gehören) Anfang April noch recht gering ist, und die Tiere in der Nahrungsaufnahme nicht besonders wählerisch sein können.

Interessanterweise war keine der Weichtierschalen angedaut; sogar das Periostrakum war in den meisten Fällen noch unversehrt. Die sehr zahlreich vorhandenen Sphaerien (zum Großteil Jungschalen; siehe unten) waren fest geschlossen, ebenso wie auch die Mündung eines Exemplares *Bithynia tentaculata* abgedeckelt war. – Es ist auch von den größeren Cypriniden (Karpfenfischen) der heimischen Fischfauna bekannt, daß sie hin und wieder Molluskennahrung aufnehmen, obwohl sie im wesentlichen Pflanzenfresser sind.

Folgende fünf Molluskenarten [1]) wurden im Mageninhalt der untersuchten *Coregonus* sp. gefunden:

1) *Valvata (Cincinna) piscinalis piscinalis* (O. F. MÜLLER 1774)
Verm. terr. fluv., 2:172 (= *Nerita piscinalis*) pal. (helophil)
7 Exemplare (5 Juvenil-, 2 Adultschalen).

1) Herrn Dr. h. c. W. KLEMM (Wien) danke ich herzlich für die Revision meines Materials.

Schlammbewohner in permanenten Fließ- und Stillgewässern mit kleinem, festwandigem, dicht rippenstreifigem Gehäuse. Mündung nahezu kreisrund, letzter Umgang stark dominierend, Nähte tief, Färbung grünlich bis gelblich, etwas glänzend. – 4 bis 4,5 Umgänge; H = 5 mm, B = 5 mm.

2) *Bythinella austriaca* (FRAUENFELD 1856)
SB. Ak. Wien, math.-naturw. Cl., 22:569 (= *Paludinella)* o-alp.
7 Exemplare (Adultschalen).
Bewohner kühler, sauerstoffreicher Gewässer; Umgänge nur wenig gewölbt, der letzte nimmt etwa $^2/_3$ der Gesamthöhe ein. Von der ähnlichen *B. cylindrica* unter anderem durch die nicht nach rechts gezogene Mündung zu unterscheiden. – 4 Umgänge; H unter 3 mm, B unter 1,5 mm.

3) *Bithynia tentaculata* (LINNÉ 1758)
Syst. Nat., ed. 10, 1:774 (= *Helix tentaculata)* eur.
1 gedeckeltes adultes Exemplar.
Häufiger und verbreiteter Bewohner stehender und langsam fließender Gewässer; Gehäuse eiförmig mit spitz-konischem Gewinde, Deckel und Mündung oben spitz zulaufend, Nabel geritzt, hornfarben, matt seidenglänzend, durchscheinend. – 5 bis 5,5 Umgänge, H bis 12 mm, B = 6–7 mm.

4) *Radix balthica* (LINNÉ 1758)
Syst. Nat., ed. 10, 1:775 (= *Helix*) pal.
9 Exemplare (Juvenilschalen).
Bewohner verschiedener Gewässertypen (temporäre und permanente); sehr variabel. Gelblich bis rötlich hornfarben, dünnwandig, Mündung nach oben spitz zulaufend. Eiförmig im Umriß, Gewinde stumpf, beträgt höchstens $^1/_4$ der Gesamthöhe. – 5 Umgänge, H bis 25 mm, B bis 17 mm.

5) *Sphaerium (Sphaerium) corneum corneum* (LINNÉ 1758)
Syst. Nat., ed. 10, 1:678 (= *Tellina cornea*) pal.
Etwa 150 Exemplare, hauptsächlich Juvenilschalen.
Sehr häufiger Bewohner stehender und fließender Gewässer, der aber starke Strömungen meidet. Kleine bis mittelgroße, dünnwandige Schale mit feiner konzentrischer Streifung. Breit gewölbter, den Gesamtumriß nur wenig überragender Wirbel; braungrau, einfarbig oder mit gelben Zonen, matt seidig glänzend. – L bis 14 mm, H = 7–10 mm, D = 7–9 mm.

Summary

MOLLUSCS FOUND IN STOMACH CONTENTS OF COREGONUS SP. (OSTEICHTHYES)

In stomachs of 40 specimens of *Coregonus* sp. from Hallstättersee (Upper Austria) whose contents were analyzed, 5 species of fresh water molluscs (mainly *Sphaerium c. corneum* [L.]) have been found.

Literatur

KLEMM, W., 1960: Catalogus Faunae Austriae, Teil VIIa, Mollusca. Wien, 59 pp.

Anschrift der Autorin:
Dr. Chr. Frank, Veithgasse 4/4a, A – 1030 Wien, Österreich.

MALAKOLOGISCHE ABHANDLUNGEN

STAATLICHES MUSEUM FÜR TIERKUNDE IN DRESDEN

Band 6 Ausgegeben: 28. Mai 1980 Nr. 21

Ausführliche Untersuchung der Schneckenfauna im „Eichholz" bei Zwenkau, Kreis Leipzig-Land

(Gastropoda)

Mit 1 Karte

HILDEGARD ZEISSLER

Leipzig

Zu den Wäldern im Süden Leipzigs, die wegen des vorgesehenen Braunkohlenabbaues verschwinden müssen, gehört auch das „Eichholz" bei Zwenkau. Dies ist ein zusammenhängendes Waldstück unmittelbar südlich der „Weißen Mark" (ZEISSLER 1977a), aber ausgedehnter, in Nord-Süd-Richtung etwa 3 km lang und 1 km breit.

Beschaffenheit des Sammelgebietes

Es handelt sich um einen reinen Laubwald von wechselnder Beschaffenheit. Die Stieleiche gehört zwar mit zu den häufigeren Baumarten, doch ist sie durchaus nicht – oder nicht mehr – vorherrschend. Ahorn, Esche, Ulme, Linde sind genau so allgemein verbreitet. Dazu kommen Bestände von Schwarz- und Balsampappeln vor, und es finden sich auch vereinzelte Roteichen, was darauf hinweist, daß der Wald von Menschenhand stark verändert ist. An einigen Stellen, die sicher einmal feucht waren, finden sich noch alte Erlen, doch wachsen unter ihnen in der Regel jetzt Esche, Ahorn, Weißbuche und andere Weichlaubhölzer auf. In der Krautschicht ist ähnlich wie in dem nördlich am Stausee befindlich gewesenen Waldstück „Bistum" (ZEISSLER 1977b) die auffällige Lilium martagon nicht selten, die auf einen erhöhten Kalkgehalt des Bodens hinweist.

Der Hauptteil des Waldes liegt zwischen Elster und Batschke. Daß die Elster jetzt ziemlich gerade nach Norden fließt, ist Ergebnis einer Regulierung. Sichtlich hat sie früher im Gebiet ihren Lauf mehrmals gewechselt. Das zeigen verschiedene Altwasser-Rinnen, von denen die meisten jetzt wasserlos sind. Einige andere enthalten gelegentlich kleine Tümpel, und nur wenige davon enthielten noch bis in die jüngste Zeit Wasserschnecken. Elster und Batschke sowie die sogenannte „Alte Elster" sind so verschmutzt, daß sie keine Molluskenfauna mehr aufweisen. In ihrer jetzigen Beschaffenheit, auf beiden Seiten noch mittels rasenbedeckter Dämme und begleitender Wiesenstreifen isoliert, stellt die Elster für Schnecken ein unüberwindliches Hindernis dar. Der Wald rechts der Elster wird noch durch weitere für Schnecken unpassierbare Hindenisse zerteilt. Eines ist die etwa 30 m breite große Flutrinne. Sie ist heute Grasland und wurde gelegentlich als Viehweide benutzt. Ihr rechter Rand wird von einem Damm gebildet, der übermannshoch ist und auf dem erst in jüngerer Zeit Gebüsch aufgewachsen ist. Eine zweite, ähnliche, aber nur etwa

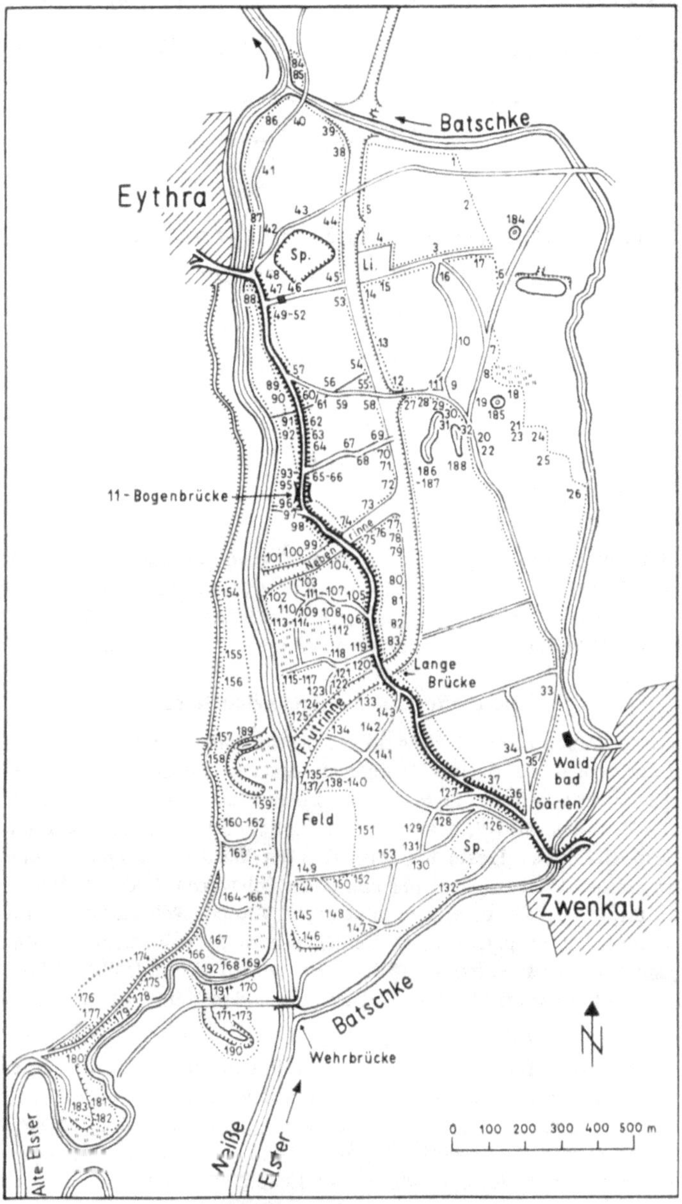

Übersichtskarte über das „Eichholz".

Die Fundstellennummern wurden vollzählig eingetragen, die Waldgrenzen sind durch eine gepunktete Linie angegeben. Wegen der Dichte der Fundstellen wurde auf weitere Zeichen im Wald verzichtet, zumal es sich durchweg um reinen Laubwald handelt. Die beiden Flutrinnen sind mit dichtem Rasen bewachsen und enthalten keine Fundstelle. Die viereckige Lichtung (Li.) östlich des Eythraer Sportplatzes. (Sp.) im Winkel zwischen der Flutrinne und der Schneise ist ebenso wie die letztere erst im Zusammenhang mit dem vorgesehenen Braunkohlenabbau entstanden und 1978 wieder mit Ruderalflora be- →

halb so breite Rinne verbindet weiter talab die Elster noch einmal mit der großen Rinne, sie wird im nachfolgenden Text „Nebenrinne" genannt. Ein anderes Hindernis besonders für kleinere Schnecken ist die Fahrstraße von Zwenkau nach Eythra. Sie ist zum Schutz gegen Hochwasser auf einem Damm angelegt worden und überschreitet die beiden Flutrinnen auf steinernen Brücken. Eine dritte Brücke (aus 11 gemauerten Bögen) befindet sich dort, wo die Straße von Zwenkau her der Elster nahe kommt.

Als ich im Jahre 1976 im „Eichholz" mit der Geländearbeit begann, war der Wald bis auf folgende Eingriffe ungestört:
Der nördliche Teil des Waldes einschließlich des Eythraer Sportplatzes war durch eine breite und von Mutterboden beräumte Schneise abgetrennt worden. Im Winkel zwischen der Schneise und der Flutrinne war in gleicher Weise eine rechteckige Lichtung freigemacht worden. Zwischen Herbst 1976 und Frühjahr 1977 wurde die Schneise auf ihrer Nordseite verbreitert. Östlich von dem Damm (rechts der Flutrinne) war ein etwa 5 m breiter Streifen Wald geschlagen worden. Ebenso wurden in den Windungen der Straße Bäume und Büsche geschlagen. Zwischen Herbst 1976 und Frühjahr 1977 wurde der Waldstreifen nördlich der Schneise und östlich der Straße bis zur Westseite des Sportplatzes und im Frühjahr 1977 das ganze Waldstück östlich der Flutrinne und nördlich der Hochspannungsschneise geschlagen. Im Frühjahr 1978 waren nur geringfügige weitere Eingriffe zu sehen. – Die wenigen und kleinen Stillgewässer östlich der Elster waren im Herbst 1976 völlig versiegt. Später füllten sie sich wieder mit Regenwasser, doch war schon 1977 von der Wasserfauna nichts mehr vorhanden, während die Wasserschnecken westlich der Elster erst 1978 gesammelt wurden.

Die Landschnecken des „Eichholzes"

Da die ersten größeren Eingriffe am Nordende des Waldes stattfanden, wurde die Untersuchung des Waldes östlich der Elster streng in Nord-Süd-Richtung vorgenommen. Da sich aber schon im ersten Sammelsommer Unterschiede in der Zusammensetzung besonders zwischen den Flächen rechts und links der Flutrinne andeuteten, scheint es zweckmäßiger, die einzelnen durch Rinnen und Straße isolierten Teile geschlossen zu behandeln.

Der Oststreifen zwischen Flutrinne und Batschke, nördlich der Straße Zwenkau–Eythra

Ein Blick auf die Karte zeigt, daß hier das sonst ziemlich dichte Netz der Fundstellen lückenhaft ist. Insbesondere an Stellen, die von längst ausgetrockneten, aber noch tiefen Altwasser-Rinnen durchfurcht waren, fanden sich kaum Schnecken. Auf dem Grunde der Rinnen hatte sich viel altes Laub gesammelt, ihre Böschungen besaßen ebenfalls oft keine Krautschicht. Trotzdem kann das Sammelergebnis nicht in nur einer Tabelle dargestellt werden. Mit dem Nordende des Streifens, dessen Wald schon 1977 geschlagen wurde, sei begonnen.

Tabelle 1. Nördlich der Schneise (August 1976).

1) Nordteil des Ostrandes. Esche, Stieleiche, Bergahorn, Ulme, Linde; Hasel, Feldahorn, Crataegus oxyacantha; Aegopodium podagraria, Arum, Stellaria holostea, Geum urbanum, Labiatae spp. indet., Gräser. 2 Aufsammlungen.
2) Südteil des Ostrandes, Waldrand hinter einspringendem Winkel, dichter Urtica-Bestand. Esche, Stieleiche, Spitz- und Bergahorn, Ulme; Hasel; Arum, Lamium galeobdolon, Aegopodium podagraria, Geum urbanum, Stellaria holostea, Gräser. 3 Aufsammlungen.

wachsen. Bei den Strecken im Ostteil, in denen keine Fundstellen angezeigt sind, handelt es sich teils um besonders trockene Stellen, teils um Bestände mit viel Hartlaubgehölzen, sie sind daher nicht beim Sammeln vernachlässigt worden.

3) Nordrand der Schneise. Esche, Bergahorn, Stieleiche, Linde; Hasel, Prunus padus, Feldahorn, Rubus caesius; Lamium galeobdolon, Stellaria holostea, Aegopodium podagraria, Urtica, Gräser, altes Holz. 2 Aufsammlungen.

4) Nordrand der freigemachten Lichtung an der Südwestecke des Waldstückes. Esche, Spitz- und Bergahorn, Stieleiche; Hasel, Feldahorn, Prunus padus, Rhamnus frangula, Cornus sanguinea, Rubus caesius; Urtica, Aegopodium podagraria, Stellaria holostea, Lamium galeobdolon, Circaea lutetiana, Viola, Polygonatum, Galeopsis, Gräser, Moose. 3 Aufsammlungen.

5) Westrand. Esche, Spitz- und Bergahorn, Linde, Ulme; Hasel, Cornus sanguinea, Crataegus oxyacantha, Sambucus nigra, Rubus caesius; Urtica, Stellaria holostea, Viola, Geum urbanum, Rumex, Lamium galeobdolon, Pulmonaria, Gräser. 3 Aufsammlungen.

	1	2	3	4	5
Acanthinula aculeata	—	—	—	—	1
Discus rotundatus	2	2	—	2	2
Arion circumscriptus	—	—	3	3	3
Vitrina pellucida	4	4	—	4	4
Nesovitrea hammonis	—	5	—	—	—
Aegopinella nitidula	—	6	6	6	6
Aegopinella nitens	—	—	7	7	7
Aegopinella minor	8	8	—	—	—
Oxychilus cellarius	—	9	—	9	9
Zonitoides nitidus	—	10	—	—	—
Iphigena plicatula	11	11	11	11	11
Laciniaria biplicata	12	12	12	12	12
Bradybaena fruticum	—	13	—	13	13
Zenobiella umbrosa	14	14	14	14	14
Perforatella incarnata	15	15	15	15	15
Trichia sericea	—	16	16	16	16
Helix pomatia	—	—	—	—	17
Artenzahl:	7	13	8	12	14

Daß fast alle Nacktschnecken fehlen, wird darauf zurückzuführen sein, daß die Aufsammlungen im heißesten Monat gemacht worden sind. Im ganzen fanden sich Schnecken hier recht vereinzelt. Die Artenzahlen der Einzelaufsammlungen schwanken zwischen 4 und 11, und zwar scheint die Arten- und Individuendichte nach der Westseite hin zuzunehmen. Überraschende Funde enthält die Liste nicht.

Tabelle 2. Zwischen der Schneise und dem Radfahrweg vom Waldbad nach Eythra (August/September 1976).

6) NO-Ecke, vor dem eigentlichen Wald. Damm und SW-Ecke des ehemaligen großen Teiches. Ulme, Esche, Stieleiche, Linde, Bergahorn; Hasel, Sambucus nigra, Rubus caesius, Eschensämlinge; Aegopodium podagraria, Lamium galeobdolon, Brachypodium silvaticum und andere Gräser. 2 Aufsammlungen.

7) Weiter südlich, etwa 15 m nördlich einer kleinen Wiese. Hoher Spitz- und Bergahorn mit Eschen; Sambucus nigra, Prunus padus, junge Linden, Rubus caesius; geschlossene Krautschicht aus Glechoma hederacea, Lamium galeobdolon, Geum urbanum, Stellaria holostea, Pulmonaria, Aegopodium podagraria, Urtica und Moosen.

8) 10–20 m westlich des Südendes der kleinen Wiese. Stieleiche, Linde, Esche, Bergahorn, Ulme, Weißbuche; Rubus caesius, Sambucus nigra, Aegopodium podagraria, Pulmonaria, Viola, Arum, Geum urbanum, Brachypodium silvaticum und andere Gräser. 2 Aufsammlungen.

9) Östlich vom Wegedreieck. Linde, Berg- und Feldahorn, Weißbuche; Crataegus oxyacantha; Viola sp., Geum urbanum, Stellaria holostea, Pulmonaria, Moose.

10) Beiderseits des Weges vom Wegedreieck nach Norden, mitten im Waldstück. Esche, Bergahorn, Linde, Stieleiche, Weißbuche; Hasel, Rubus caesius; Aegopodium podagraria, Arum, Viola, Geum urbanum, Lamium galeobdolon, Pulmonaria, Stellaria holostea, Brachypodium silvaticum und andere Gräser, Moose. 2 Aufsammlungen.

11) Westlich vom Wegedreieck am Radfahrweg. Esche, Ulme, Weißbuche, Linde; junger Bergahorn, Sambucus nigra; Viola, Pulmonaria, Stellaria holostea, Aegopodium podagraria, Geum urbanum, Lamium galeobdolon, Arum, Gräser.

12) SW-Ecke zwischen Flutrinne und Radfahrweg. Esche, Linde, Bergahorn, Weißbuche; Hasel, Sambucus nigra, Rubus caesius; Stellaria holostea, Aegopodium podagraria, Pulmonaria, Viola, Gräser.

13) Östlich der Flutrinne, Mitte zwischen der Schneise und dem Radfahrweg, dicht südlich der Kuhle mit Pappeln. Esche, Bergahorn, Linde; Rubus caesius; Krautschicht schütter mit Stellaria holostea, Aegopodium podagraria, Viola.

14) Nordwestecke, etwa 20 m waldein. Pyramidenpappeln mit Urtica, Polygonum convolvulus, Gräsern.

15) Beim Südrand der Schneise, gegenüber der Waldecke zur freigemachten Lichtung, vorwiegend an altem Holz. Esche, Stieleiche, Bergahorn, Linde; Hasel, Rubus caesius; Aegopodium podagraria, Arum, Geum urbanum, Lamium galeobdolon, Stellaria holostea, Viola, Gräser, Moose. 3 Aufsammlungen.

16) Gleicher Rand, beiderseits des Pfades, der die NO-Ecke abschneidet. Esche, Berg-, Spitz- und Feldahorn, Linde; Hasel, Prunus padus, Cornus sanguinea, Sambucus nigra, Rubus caesius; Aegopodium podagraria, Stellaria holostea, Urtica, Pulmonaria, Viola, Gräser, Moose. 2 Aufsammlungen.

17) Etwa 20 m nordwestlich der NO-Ecke. Esche, Linde, Hasel, Prunus padus; Urtica, Lamium galeobdolon, Aegopodium podagraria, Geum urbanum, Arum, Gräser, Moose. 2 Aufsammlungen.

	6	7	8	9	10	11	12	13	14	15	16	17
Acanthinula aculeata	—	—	—	—	—	—	—	—	—	—	—	1
Discus rotundatus	2	2	2	—	—	—	—	2	—	2	2	—
Arion rufus	juv.	—	braun	—	—	—	—	rot	—	—	—	juv.
Arion circumscriptus	—	—	4	—	—	—	4	—	—	4	—	4
Arion fasciatus	—	—	—	—	—	5	—	—	—	5	—	—
Vitrina pellucida	6	—	—	—	—	—	—	—	—	6	6	6
Aegopinella nitidula	7	—	—	7	—	—	—	—	—	—	7	7
Aegopinella nitens	8	—	—	—	—	—	—	—	—	—	8	8
Oxychilus cellarius	9	—	—	—	9	—	—	—	—	9	—	9
Boettgerilla pallens	—	—	—	—	—	—	—	—	—	—	—	10
Cochlodina laminata	—	—	11	11	—	11	11	—	—	11	—	—
Clausilia pumila pumila	—	—	—	—	—	—	—	12	—	12	12	—
Clausilia pumila sejuncta	13	13	13	13	13	13	13	—	—	13	13	13
Iphigena plicatula	14	14	14	14	14	14	14	—	—	14	14	14
Laciniaria biplicata	15	15	15	15	15	15	15	15	—	15	15	15
Bradybaena fruticum	—	—	—	—	—	—	—	—	16	—	16	—
Zenobiella umbrosa	17	17	—	—	17	—	17	—	17	—	17	17
Perforatella incarnata	18	18	18	18	18	18	18	18	18	18	18	18
Trichia sericea	19	19	—	—	—	—	—	—	—	19	19	19
Trichia sericea albina	—	—	—	—	—	—	—	—	—	—	20	—
Helix pomatia	21	21	—	—	—	21	—	21	—	—	—	—
Artenzahl:	13	8	8	6	6	7	7	6	3	12	13	14

Eine Aufsammlung fällt durch Artenarmut ganz aus dem Rahmen: ein Pappelbestand mit Urtica, aber sonst vorwiegend nur Gräsern. Da ist es verständlich, daß alle Arten, die weiches Laub und Kräuter als Nahrung brauchen, völlig fehlen. Sonst fällt vor allem die Zunahme der Clausiliidenarten auf. *Cochlodina laminata* ist relativ selten, sie ist mit einiger Sicherheit an altem Holz, unter lockerer Rinde zu finden. Ferner ist verwunderlich die Spärlichkeit der Zonitoiden, insbesondere von *Aegopinella nitidula*, die sonst in den Wäldern um Leipzig nach *Perforatella incarnata* die häufigste Art ist. Auch sind die kleinen Arten recht selten. In jedem der beiden Waldstücke wurde nur eine einzige *Acanthinula aculeata* gefunden, keine *Carychium*-, keine *Punctum*-, keine *Vitrea*-Art.

Tabelle 3. Streifen zwischen der Batschke und dem Radfahrweg vom Waldbad (September 1976).

18) Ostrand, etwa 15 m südlich der kleinen Wiese. Tiefgelegener Pappelbestand mit jungen Eschen und Bergahorn; Prunus padus, Rubus caesius; Urtica, Glechoma hederacea, Viola.
19) Etwa 30 m westlich des ehemaligen Waldteiches. Schwarzpappel, Esche, Linde, Bergahorn, Weißbuche; junge Ulmen, Rubus caesius; sehr wenig Kräuter: Viola, Pulmonaria, Circaea lutetiana, Impatiens parviflora und vereinzelte Gräser.
20) Tiefergelegenes Waldstück dicht östlich des Radfahrweges, gegenüber den beiden Altwässern. Linde, Stieleiche; Sambucus nigra, Ribes sp., Rubus caesius; Urtica, Aegopodium podagraria, Circaea lutetiana, Pulmonaria, Gräser.
21) Gleiches tiefgelegenes Stück, aber nahe des Ostrandes. Erlen mit jungem Bergahorn und Esche; Sambucus nigra, Rubus caesius; Urtica, Aegopodium podagraria, Stellaria holostea, Gräser.
22) Wenig höher gelegenes Waldstück am Radfahrweg, etwa 15 m südlich der Sammelstelle 20. Esche, Linde, Bergahorn, Weißbuche, Aegopodium podagraria, Gräser.
23) Gleiches Stück, aber Ostrand, etwa 5 m südlich der Sammelstelle 21. Esche, Bergahorn, Weißbuche; Sambucus nigra, Rubus caesius; Stellaria holostea, Viola, Aegopodium podagraria, Brachypodium silvaticum.
24) Weiter östlich, ins Feld vorspringende Waldecke. Esche, Stieleiche, Bergahorn; Hasel, Prunus padus, Crataegus oxyacantha, Cornus sanguinea; Stellaria holostea, Aegopodium podagraria, Viola sp., Gräser, Moose.
25) Weiter südlich, etwa 5 m nördlich der südöstlichen einspringenden Ecke. Esche, Bergahorn, Linde, Ulme, Weißbuche; Prunus padus, Sambucus nigra, Rubus caesius; Urtica, Aegopodium podagraria, Moose.
26) Weiter östlich, Waldecke an der Batschke. Bergahorn, Ulme; wenig Kräuter: Aegopodium podagraria, Lamium galeobdolon, Moose.

	18	19	20	21	22	23	24	25	26
Acanthinula aculeata	—	—	—	—	—	1	—	—	—
Discus rotundatus	—	2	2	2	2	2	2	2	2
Arion rufus	—	—	—	juv.	—	—	—	—	—
Arion circumscriptus	—	4	—	—	—	—	—	—	4
Arion fasciatus	—	—	—	—	—	—	—	5	5
Vitrina pellucida	—	6	—	—	—	—	6	6	6
Nesovitrea hammonis	7	—	—	—	—	—	—	—	—
Aegopinella nitidula	—	8	8	8	8	8	—	—	—
Aegopinella nitens vel *minor*	—	—	9	9	9	—	—	—	—
Oxychilus cellarius	—	10	—	—	—	—	10	—	—
Cochlodina laminata	—	—	—	—	—	11	—	—	—
Clausilia pumila pumila	—	—	—	—	—	—	—	—	12
Clausilia pumila sejuncta	—	13	13	—	13	13	13	—	—
Iphigena plicatula	14	—	—	—	14	—	14	14	—
Laciniaria biplicata	15	15	—	—	15	15	—	15	15
Bradybaena fruticum	—	16	—	—	—	—	16	—	—
Zenobiella umbrosa	17	17	—	17	17	17	17	—	—
Perforatella incarnata	18	18	18	18	18	18	18	18	18
Trichia sericea	—	—	19	—	19	19	—	—	—
Cepaea hortensis (gelb)	—	—	—	—	—	—	—	20	—
Artenzahl:	5	10	6	6	9	9	8	7	7

Die gesamte Südhälfte des Streifens ergab bei näheren Begehungen keine Ausbeute. Das Gelände ist nicht nur von längst wasserlosen „Altwässern" durchfurcht, es scheint auch besonders trocken zu sein, zumal die Batschke einige Meter tiefer fließt. Bei den Fundstellen, wo unter alten Pappeln oder Erlen junge Eschen und Bergahorne heranwachsen, liegt offensichtlich ein Übergangszustand vor, so daß die echten Waldschnecken erst teilweise Fuß gefaßt haben. Ähnliche Stellen haben wir früher bei Zöbigker beobachtet

(ZEISSLER 1979). Der Faunenbestand, der hier angeführt ist, unterscheidet sich nicht grundsätzlich von dem des nördlich anschließenden Stückes.

Tabelle 4. Zwischen Flutrinne und Radfahrweg vom Waldbad, südlich bis zur Fahrstraße Zwenkau–Eythra.

A) Nordende des Streifens, bei den beiden Altwässern (September 1976).

27) Südseite des Radfahrweges, Ecke zum Ostrand der Flutrinne. Esche, Bergahorn, Linde; Hasel, Cornus sanguinea; Aegopodium podagraria, Lamium galeobdolon, Polygonatum, modrige Rinde.

28) Etwa 10 m nordwestlich vom Nordende des westlichen Altwassers. Esche, Linde, Weißbuche; spärlich Viola, Gräser, Moose.

29) Südseite des Radweges, gegenüber dem Wegedreieck. Esche, Linde, junger Bergahorn, Ulme, Weißbuche; Hasel, Rubus caesius; Aegopodium podagraria, Urtica, Geum urbanum, Pulmonaria, Stellaria holostea, Arum, Gräser.

30) Am Radfahrweg, innerhalb des Bogens. Esche, Linde, Weißbuche; junger Bergahorn, viel Rubus caesius; nur vereinzelte Kräuter: Aegopodium podagraria, Impatiens parviflora und viel Moose.

31) Östlich des Nordendes des westlichen Altwassers, etwa 30 m westlich des Radfahrweges. Linde, Weißbuche; Feldahorn, Prunus padus, Cornus sanguinea, Baumsämlinge, schüttere Krautschicht: Viola sp., Aegopodium podagraria, Pulmonaria, Moose, wenig Gräser.

32) Etwas nördliche des Nordendes des östlichen Altwassers. Linde, junge Weißbuche; Cornus sanguinea und verschiedene Baumsämlinge; Viola, Pulmonaria, Stellaria holostea, Lathyrus vernus, Gräser, Moose.

B) Südende, westlich vom Zwenkauer Waldbad (März 1979).

33) Hinter dem Waldbad 5 m waldein, kleine Kuhle. Stieleiche, Weißbuche, Bergahorn; Sambucus nigra; Arum, Ficaria verna, Alliaria officinalis, Aegopodium podagraria, viele Sämlinge. Müllablagerung.

34) Weiter waldein, im Nordwest-Winkel der Schneisenkreuzung. Hoher Laubmischwald; Ficaria verna, Arum, Geum urbanum, Stellaria holostea, Asperula odorata, Labiatae spp., Pulmonaria und andere Kräuter. 2 Aufsammlungen.

35) SO-Winkel derselben Kreuzung, näher zum Waldrand. Hasel mit jungen Linden, Schwarz- und Balsampappeln; Urtica, Ficaria verna, Arum, Adoxa moschatellina, Aegopodium podagraria, Glechoma hederacea, Moose. 2 Aufsammlungen.

36) Im Winkel zwischen Waldrandweg und Fahrstraße. Alte Eschen; Sambucus nigra; Urtica, Artemisia, Stachys, Heracleum und viele niederwüchsige Kräuter. Müllablagerung!

37) NO-Seite der Fahrstraße nach Eythra, beim Ostende des ersten ausgelichteten Bogens, etwa 100 m westlich des Waldrandweges. Bemooste Lindenstubben, gefällter Holunder; Urtica, Aegopodium podagraria, Arum und viele andere Kräuter.

	Nordende						Südspitze				
	27	28	29	30	31	32	33	34	35	36	37
Carychium tridentatum	—	—	—	—	—	—	—	1	—	—	—
Acanthinula aculeata	—	—	—	—	—	—	—	—	2	—	—
! *Ena montana*	—	—	—	—	—	—	—	—	—	—	3
Discus rotundatus	4	—	4	—	4	—	4	4	4	—	—
Arion rufus (juv.)	5	—	—	—	—	—	—	—	5	—	—
Arion circumscriptus	6	—	—	—	—	—	—	6	6	—	—
Arion fasciatus	—	—	—	—	—	—	—	7	7	—	—
Arion hortensis	8	—	—	—	—	—	—	8	—	—	—
Aegopinella nitidula	—	—	—	9	9	—	—	9	—	—	—
Aegopinella nitens	—	—	—	10	—	—	—	—	—	—	—
Oxychilus cellarius	11	11	—	—	11	11	—	—	—	11	—
Boettgerilla pallens	—	—	—	—	—	12	—	—	—	—	—
Cochlodina laminata	13	—	—	—	13	13	—	—	—	—	—
Clausilia pumila sejuncta	14	14	14	14	14	14	—	—	14	—	—
Iphigena plicatula	15	15	15	15	15	—	15	15	15	—	15
Laciniaria biplicata	16	16	16	16	16	—	16	16	16	16	16
Bradybaena fruticum	—	—	—	17	—	—	—	—	17	17	17

	Nordende						Südspitze				
	27	28	29	30	31	32	33	34	35	36	37
Bradybaena fruticum fasciata	—	—	—	—	—	—	—	—	—	18	—
Zenobiella umbrosa	—	19	19	19	19	19	—	19	19	—	19
Perforatella incarnata	20	20	20	20	20	20	20	20	20	20	20
Trichia sericea	—	—	—	—	—	—	21	21	21	—	21
Cepaea hortensis (gelb)	—	—	—	22	—	—	—	—	22	22	—
Cepaea sp. (juv.)	—	—	—	—	—	—	gelb	—	—	—	—
Helix pomatia	—	—	—	24	—	—	—	—	24	24	24
Artenzahl:	10	6	6	10	9	6	6	11	14	7	8

Mit den Tabellen 1–4 ist die Schneckenfauna des Oststreifens bis zur Fahrstraße dargestellt. Dabei wurden 26 Landschnecken-Arten gefunden. Besondere Erwähnung verdient hier *Ena montana*, die hier nur an einer einzigen Stelle in Anzahl gefunden wurde. Wir werden später auf sie zurückkommen.

Der Mittelstreifen zwischen der großen Flutrinne und der Fahrstraße Zwenkau–Eythra

Alle nachfolgend betrachteten Flächen des „Eichholzes" sind weniger ausgedehnt als der Oststreifen, ja nicht einmal halb so groß, aber dichter besiedelt. Dabei ist im Nordteil des Mittelstreifens ein beträchtliches Stück als Sportplatz der Gemeinde Eythra ausgespart. Der Mittelstreifen wird außerdem durch einige Wege gequert, von denen zwei auch befahrbar sind oder waren. Der nördliche davon existiert schon nicht mehr. Der andere ist der schon früher erwähnte Radfahrweg vom Waldbad, der ein Stück südlich des Umspannwerkes die Fahrstraße erreicht. Zwischen diesen beiden Wegen, nahe am Südende des Sportplatzes, verläuft die Schneise. Am Westrand des Streifens wurden alle Straßenwindungen freigeschlagen, und nördlich des Umspannwerkes war außerdem ein breiter Streifen bis fast zum Sportplatz abgeholzt. Diese Beeinträchtigungen waren jedoch für den eigentlichen Wald ohne Bedeutung. Auch dieser Streifen muß bei der Darstellung der Sammelergebnisse unterteilt werden.

Tabelle 5. Nördlich der Schneise, westlich der Flutrinne (August/September 1976).

A) Nördlich des Radfahrweges.

38) Etwa 10 m südlich und westlich der NO-Ecke, wo die Krautschicht nicht mehr gestört war. Spitzahorn, Esche, Stieleiche, Ulme; Sambucus nigra, Rubus caesius; Urtica, Stellaria holostea, Circaea lutetiana, Glechoma hederacea, Aegopodium podagraria, Gräser.

39) Etwa Mitte des Nordrandes. Bergahorn; Hasel, Sambucus nigra; Pulmonaria, Glechoma hederacea, Arum, Urtica, Brachypodium silvaticum und andere Gräser.

40) Westrand beim Weg zum Stausee, etwa 30 m südlich der NW-Ecke mit einem Schwarzpappelbestand. Esche, Spitzahorn, Ulme; Rubus caesius; Pulmonaria, Aegopodium podagraria, Alliaria officinalis, Gräser.

41) Kleine Lichtung, etwa 20 m südlich Stelle 40. Ulmensämlinge; Aegopodium podagraria, Urtica und andere Kräuter, Gräser, Moose.

42) Gegenüber dem Sportplatz-Eingang. Esche, Spitz- und Bergahorn, Weißbuche, Ulme; Hasel, Sambucus nigra; Aegopodium podagraria, Stellaria holostea, Geum urbanum, Dactylis glomerata und andere Gräser. 2 Aufsammlungen.

43) Nördlich des nördlichen Radfahrweges, nahe der NW-Ecke des Sportplatzes. Esche, Spitz- und Bergahorn; Hasel, Cornus sanguinea, Sambucus nigra, Rubus caesius; Aegopodium podagraria mit etwas Stellaria holostea und Gräsern.

B) Um den Sportplatz.

44) Südlich desselben Weges, nordöstlich des Sportplatzes. Stieleiche, Berg- und Feldahorn, Esche, Weißbuche; Hasel, Sambucus nigra, Rubus caesius; Pulmonaria, Lamium galeobdolon, Arum, Circaea lutetiana, Geum urbanum, Stellaria holostea, Viola sp., Gräser. 2 Aufsammlungen.

45) Etwa 15 m westlich der Flutrinne, dicht nördlich der Schneise. Spitz- und Bergahorn,

Linde, Pyramidenpappel; Hasel, Prunus padus, Rubus caesius; Urtica, Lamium galeobdolon, Stellaria holostea, Gräser, Fissidens und andere Moose.
46) Etwa 20 m östlich des Umspannwerkes, kleine Lichtung zwischen Esche, Stieleiche; Hasel mit Stellaria holostea, Lamium galeobdolon, Aegopodium podagraria, Viola, Gräsern.
47) Waldecke nach Südwesten, zwischen der Schneise und dem geschlagenen Streifen, nahe des Umspannwerkes. Stieleiche, Ulme; Hasel, Sämlinge von Esche und Bergahorn, Rubus caesius; Aegopodium podagraria, Stellaria holostea, Glechoma hederacea, Gräser.
48) Waldzipfel nach Norden, zwischen Sportplatz und geschlagenem Streifen entlang der Straße. Esche, Spitz- und Bergahorn; Hasel, Crataegus oxyacantha; Stellaria holostea mit Urtica, Aegopodium podagraria und Gräsern.

	Nordteil						Am Sportplatz				
	38	39	40	41	42	43	44	45	46	47	48
Carychium tridentatum	—	1	—	—	—	—	—	—	—	—	—
Cochlicopa lubrica	2	2	2	—	—	—	—	—	—	—	—
Ena montana	—	3	—	—	3	3	3	3	—	—	3
Discus rotundatus	4	4	—	—	4	4	4	—	4	—	—
Arion rufus marginellus	—	—	—	—	—	—	—	—	5	—	—
Arion fasciatus	—	—	—	—	—	6	—	—	—	—	—
Vitrina pellucida	—	—	—	—	—	—	—	7	—	—	—
Vitrea crystallina	8	—	—	—	—	—	—	—	—	—	—
Aegopinella nitidula	9	9	—	—	—	9	—	—	—	—	—
Aegopinella nitens vel *minor*	10	10	—	10	10	—	10	—	—	—	—
Oxychilus cellarius	—	11	11	—	—	11	—	11	11	—	11
Deroceras sp. (hell)	—	—	—	—	—	—	—	—	12	—	—
Clausilia pumila pumila	—	13	—	—	—	13	—	—	—	—	—
Clausilia pumila sejuncta	14	—	—	—	—	—	—	—	—	14	—
Iphigena plicatula	15	15	15	15	15	15	15	—	15	15	—
! *Iphigena lineolata subcruda*	—	—	16	16	—	—	—	—	—	—	—
Laciniaria biplicata	17	17	17	—	17	17	17	17	17	17	17
Bradybaena fruticum	—	18	—	18	18	18	—	18	—	18	—
Zenobiella umbrosa	—	19	19	19	19	19	—	19	—	19	—
Perforatella incarnata	20	20	20	—	20	20	20	20	20	20	20
Trichia sericea	21	21	—	21	21	—	—	—	—	—	—
Arianta arbustorum	—	—	—	22	22	22	—	22	—	—	—
Cepaea hortensis (gelb)	23	—	—	—	—	—	—	—	—	—	—
Cepaea sp. (juv., gelb)	—	24	24	24	24	—	—	—	—	—	—
Helix pomatia	25	25	—	25	—	25	—	25	—	—	—
Artenzahl:	12	16	8	9	11	13	6	9	7	6	4

Hier ist deutlich zu erkennen, daß an sich der Mittelstreifen artenreicher ist als der östliche, gleichzeitig ist auch eine sekundäre Beeinträchtigung der Umgebung des Sportplatzes unverkennbar. Die Fundstelle 44 ergab z. B. bei 2 Aufsammlungen nur 6 Arten! Andererseits, und das fiel mir schon beim Beginn der Geländearbeit auf, ist *Ena montana*, die im Ostteil so gut wie ganz gefehlt hat, hier gar nicht so sehr selten. Eine Besonderheit dieses Gebietes ist *Iphigena lineolata* in der Kümmerform *subcruda*, an zwei nahe beieinanderliegenden Stellen in insgesamt 4 erwachsenen Exemplaren gefunden. Da dieser Fund im ganzen „Eichholz" der einzige geblieben ist, sei gleich etwas dazu gesagt.

Die Art ist neu für den südlichen Leipziger Auenwald. EHRMANN hatte sie niemals gefunden. Noch in seiner großen Fauna (1933 bzw. 1956) gibt er sie für das Gebiet der DDR nur von West-Thüringen an. Um Eisenach ist sie gar nicht so selten. Seither ist sie auch weiter östlich gefunden worden. Ich selbst fand sie im Landkreis Weimar in zwei Waldstücken von Troistedt (ZEISSLER 1973). KRAUSP (1962) fand sie in 2 Exemplaren (aber keine Kümmerform) an Petasites an einem Bachufer bei Leutenberg sowie in Anzahl bei Wernigerode. Auch im Schkeuditzer Auenwald ist sie schon (allerdings nur in einem

Exemplar, das ebenfalls durchaus nicht kümmerlich war) im Jahre 1952 gefunden worden (ZEISSLER 1971). Dort ist es mir später nie wieder geglückt, sie noch einmal zu finden, und das Waldstück, in dem ich sie gesammelt hatte, ist inzwischen abgeholzt worden. Umso mehr bestätigen mir die 4 Zwergexemplare vom „Eichholz", daß die Art eben doch um Leipzig vorkommt. Wir befinden uns hier aber wohl wirklich an ihrer äußersten Ostgrenze.

Tabelle 6. Mittelstreifen zwischen Schneise und Radfahrweg zum Waldbad (September 1976).

49) Südwestlich nahe des Umspannwerkes. Esche, Spitz- und Bergahorn, Stieleiche; Sambucus nigra; Lamium galeobdolon, Pulmonaria, Aegopodium podagraria, Gräser, Moose.
50) NW-Ecke, dicht südlich des Umspannwerkes. Vorwiegend Jungwuchs, Spitz- und Bergahorn, Linde, Ulme; Hasel, Sambucus nigra; Urtica, Lamium galeobdolon, Geum urbanum, Gräser, Moose.
51) Etwas südöstlich vom Umspannwerk. Alter liegender Ahornstamm in reicher Krautschicht.
52) Etwa 20 m östlich vom Umspannwerk. Esche, Spitz- und Bergahorn, Ulme; Hasel, Rubus caesius; Stellaria holostea, Aegopodium podagraria, Lamium galeobdolon, Stachys, Pulmonaria, Gräser, Moose.
53) NO-Waldecke zwischen Schneise und Flutrinne. Esche, Spitz-, Berg- und Feldahorn, Ulme; Hasel, Rubus caesius; artenreiche Krautschicht, Brachypodium silvaticum und viele andere Gräser, Moose. 2 Aufsammlungen.
54) Ostrand an der Flutrinne, Ostende der Querschneise nördlich vom Radfahrweg. Unter Jungwuchs von Bergahorn, Esche und Ulme, mit Cornus sanguinea und schütterer Urtica, wenig niederwüchsige Kräuter und etwas Gras.
55) Gleicher Waldrand zwischen Querschneise und Radfahrweg, an modriger Rinde.
56) Nordseite des Radfahrweges zum Waldbad, Mitte zwischen Straße und Flutrinne. Esche, Bergahorn, Stieleiche; sehr artenreiche Krautschicht.
57) Ecke östlich der Straße, nördlich des Radfahrweges zum Waldbad. Esche, Spitz- und Bergahorn; Hasel, Sambucus nigra, Rubus caesius; Stellaria holostea, Aegopodium podagraria, Gräser.

	49	50	51	52	53	54	55	56	57
Cochlicopa lubrica	—	—	—	—	—	—	—	—	1
Ena montana	2	2	—	—	2	—	—	2	2
Succinea putris	—	—	3	—	—	—	—	—	3
Discus rotundatus	—	4	—	—	4	—	4	—	4
Arion circumscriptus	—	5	—	—	5	—	5	5	—
Arion subfuscus	—	—	6	—	—	—	—	—	—
Arion hortensis	—	—	—	—	7	—	—	—	—
Vitrina pellucida	8	—	—	8	—	—	—	8	—
Aegopinella nitidula	9	9	—	—	—	—	—	9	9
Aegopinella nitens	10	10	—	—	—	—	—	—	10
! *Oxychilus draparnaudi*	—	11	—	—	—	—	—	—	—
Oxychilus cellarius	—	12	—	—	—	—	12	—	12
Boettgerilla pallens	—	13	—	—	—	—	—	13	—
Cochlodina laminata	14	14	14	—	14	14	14	—	—
Clausilia pumil pumila	15	15	15	—	—	15	—	—	15
Clausilia pumila sejuncta	—	—	—	—	—	—	—	16	—
Iphigena plicatula	17	17	17	17	17	17	17	17	17
Laciniaria biplicata	18	18	18	18	18	18	18	18	18
Bradybaena fruticum	19	19	—	19	19	19	—	19	19
Zenobiella umbrosa	20	20	—	20	20	20	—	20	—
Perforatella incarnata	21	21	21	21	21	21	21	21	21
Trichia sericea	—	—	—	22	22	—	—	22	—
Arianta arbustorum	—	—	—	23	—	—	—	—	23
Cepaea sp. (juv.)	—	24	—	—	—	—	—	—	—
Helix pomatia	25	—	—	25	25	—	—	25	25
Artenzahl:	12	16	7	9	12	7	7	13	14

Oxychilus draparnaudi ist nur einmal und in einem einzigen Exemplar gefunden worden. Da die Art überhaupt nicht einheimisch ist, muß das Stück verschleppt sein. Der ebenfalls ursprünglich nicht einheimische *Arion hortensis* ist, wie anderwärts um Leipzig zwar ursprünglich sicher auch zufällig eingeschleppt, doch hat er sich, wo er einmal Fuß gefaßt hat, aktiv verbreitet, wie wir auch hier noch sehen werden.

Tabelle 7. Waldstück zwischen dem Radfahrweg zum Waldbad und der Neben-Flutrinne.
A) Nordteil (mit Ausnahme der letzten Aufsammlung alles von September/Oktober 1976).
58) Ecke südlich des Radfahrweges zur Flutrinne. Esche, Linde, Weißbuche; Stieleiche; Rubus caesius; Stellaria holostea, Lamium galeobdolon, Circaea lutetiana, Pulmonaria, Viola sp., Gräser.
59) Südseite des Radfahrweges, etwa Mitte zwischen Straße und Flutrinne. Linde mit Esche und Bergahorn; Stellaria holostea, Aegopodium podagraria, Pulmonaria, Stachys, Geum urbanum, Gräser, Moose.
60) Gleicher Wegrand, etwa 10 m östlich der Straße. Esche, Bergahorn, Linde, Weißbuche; Hasel, Sambucus nigra; Stellaria holostea, Pulmonaria, Geum urbanum, Gräser.
61) Östlich der Straße, zwischen Querschneise und Fahrweg. Esche, Spitz-, Berg- und Feldahorn, Linde; Hasel, Rubus caesius; Stellaria holostea, Aegopodium podagraria, Circaea, lutetiana, Geum urbanum.
62) Südlich der Querschneise an der Straße. Esche, Spitz- und Bergahorn, Linde; Hasel, Sambucus nigra, Rubus caesius; Glechoma hederacea, Aegopodium podagraria, Stellaria holostea, Circaea lutetiana, Stachys sp.
63) Etwa 25 m südlich der Querschneise. Bergahorn, Esche, Linde; Hasel, Rubus caesius; Geum urbanum, Circaea lutetiana, Lamium maculatum, Pulmonaria, Stachys sp., Fissidens und andere Moose.
64) Östlich der Straße, südlich des Pappelstreifens, beim Nordende der 11-Bogen-Brücke. Berg- und Feldahorn, Weißbuche: Sambucus nigra; alte Stubben, Allium ursinum, Urtica, Gräser. Diese Aufsammlung vom Mai 1977.
B) Am krummen Querpfad (Mai 1977).
65) Noch nördlich der 11-Bogen-Brücke, Westende des Querpfades, östlich des Pappelstreifens. Weißbuche, Linde, Ulme; Urtica, Allium ursinum, Galium aparine, Viola sp., Aegopodium podagraria, Lamium maculatum, Gräser. 2 Aufsammlungen, die zweite vom Juli 1977.
66) Derselbe Pfad, etwa 50 m östlich der Straße. Stieleiche, Linde, Bergahorn; Allium ursinum, Stellaria holostea, Anemone nemorosa, Ficaria verna, Pulmonaria, Arum, Gräser, Moose.
67) Am Pfad etwa 30 m weiter östlich. Esche, Linde, Weißbuche; große Grasstelle zwischen reinen Allium-ursinum-Beständen mit Stellaria holostea, Galium aparine, Pulmonaria, Arum und wenig Moosen.
68) Etwa 20 m südöstlich, etwa 50 m westlich der Flutrinne. Alter Spitzahorn, junge Erlen und Linden; Allium ursinum, Stellaria holostea, Lamium galeobdolon, Primula elatior, Arum, viele Gräser und Moose.
69) Westende des Pfades bei der Flutrinne, hier sehr verwachsen. Esche, Linde; Stellaria holostea, Lamium galeobdolon, Galium aparine, Glechoma hederacea, Allium ursinum, Lilium martagon, Alliaria officinalis, Pulmonaria, Aegopodium podagraria.
C) Südteil (Mai 1977).
70) Ostrand bei der Flutrinne, etwa 50 m südlich des Querpfades. Bergahorn, Linde, Stieleiche; Hasel; Arum, Aegopodium podagraria, Stellaria holostea, Galium aparine, Lamium galeobdolon, Ranunculus repens, Ficaria verna, Veronica hederifolia, Urtica, Gräser.
71) Gleicher Waldrand, etwa 20 m weiter südlich. Linde, Ulme; Eschen- und Bergahorn-Sämlinge; Stellaria holostea, Galium aparine, Geum urbanum, Viola sp., Ficaria verna, Veronica hederifolia und andere Kräuter, Gräser.
72) Stumpfe Ecke nördlich der Einmündung der Nebenrinne von links in die große Flutrinne, hinter dem Damm. Esche, Weißbuche; Ulme; Prunus padus, Sambucus nigra, Humulus lupulus; Stellaria holostea, Arum, Aegopodium podagraria, Alliaria officinalis, Geum urbanum, Urtica, Gräser.
73) Nordseite der Nebenrinne, etwa Mitte zwischen der Flutrinne und der Fahrstraße. Linde, Bergahorn; Prunus padus, Cornus sanguinea; Allium ursinum, Stellaria holostea, Lamium maculatum, Stachys sp., Pulmonaria, Gräser, Fissidens und andere Moose.

74) Nördlich der Nebenrinne, Ecke östlich der Straße. Esche, Bergahorn; Hasel, Cornus sanguinea; Galium aparine, Urtica, Stachys sp., Aegopodium podagraria, Stellaria holostea, Lilium martagon, Arum.

Tabelle 7.

	Nordteil							Querpfad					Südteil				
	58	59	60	61	62	63	64	65	66	67	68	69	70	71	72	73	74
Carychium tridentatum	—	—	—	—	—	—	—	—	—	1	—	—	—	—	—	—	—
Acanthinula aculeata	—	—	—	—	—	—	—	—	—	2	—	—	—	—	—	—	—
Ena montana	3	3	3	—	—	3	3	3	—	3	—	—	—	3	3	—	3
Discus rotundatus	4	4	—	4	4	4	4	—	4	4	—	—	4	4	—	4	—
Arion rufus (juv.)	—	—	—	—	—	—	—	—	5	—	—	—	—	—	—	—	—
Arion circumscriptus	6	—	6	—	—	—	—	—	6	—	6	6	6	—	6	6	—
Arion fasciatus	—	—	—	7	—	—	—	—	—	—	—	—	7	—	7	—	—
Arion hortensis	8	—	—	—	—	—	—	—	8	—	—	—	—	—	8	—	—
Vitrina pellucida	—	—	9	—	—	—	—	—	—	—	—	—	—	—	—	—	—
Aegopinella nitidula	—	10	—	—	—	—	10	—	—	—	—	—	—	—	—	—	—
Oxychilus cellarius	11	—	—	—	—	11	11	—	—	—	11	11	—	—	—	—	—
Boettgerilla pallens	—	—	—	12	—	—	—	—	—	—	—	—	—	—	—	—	—
Cochlodina laminata	13	13	13	13	13	13	—	13	13	13	—	juv.	juv.	—	13	—	—
Clausilia pumila sejuncta	14	14	—	14	14	14	—	—	—	14	—	—	14	—	—	14	14
Iphigena plicatula	15	15	15	15	15	15	15	15	15	15	15	15	15	15	15	15	15
Laciniaria biplicata	16	16	16	16	16	16	16	16	16	16	16	16	16	—	16	16	16
Bradybaena fruticum	17	—	17	17	—	17	17	17	—	17	17	—	—	—	17	—	17
Bradybaena fruticum fasciata	—	—	—	—	—	—	—	18	—	—	—	—	—	—	—	—	—
Zenobiella umbrosa	19	19	—	—	19	19	19	19	19	19	19	19	19	—	19	—	—
Perforatella incarnata	20	20	20	20	20	20	20	20	20	20	20	20	—	20	20	20	20
Trichia sericea	21	21	21	21	21	—	—	21	—	—	—	—	21	21	—	—	21
Arianta arbustorum	—	—	—	—	22	—	22	22	22	—	—	—	—	—	—	—	—
Cepaea hortensis (gelb)	—	—	—	—	—	—	—	—	—	—	—	—	—	—	23	—	—
Cepaea sp. (juv., gelb)	—	—	—	—	—	—	24	—	—	—	—	—	—	—	—	—	—
Helix pomatia	25	—	—	—	25	25	25	25	25	25	—	—	25	—	25	—	25
Artenzahl:	14	10	9	10	10	11	12	11	11	12	7	7	10	5	12	6	8

Tabelle 8. Südspitze des Mittelstreifens, westlich Flutrinne (Mai 1977).

75) Ecke zwischen Fahrstraße und Nebenrinne. Spitzahorn, Ulme; Hasel, Cornus sanguinea; Aegopodium podagraria, Allium ursinum, Galium aparine, Adoxa moschatellina, Primula elatior, Veronica hederifolia, Geum urbanum, Gräser, Fissidens und andere Moose.

76) Nordrand, Mitte zwischen Straße und Flutrinne. Linde, Bergahorn; Prunus padus, Cornus sanguinea; Allium ursinum, Stellaria holostea, Lamium maculatum, Stachys sp., Pulmonaria, Gräser, Fissidens und andere Moose.

77) Ecke zwischen den beiden Flutrinnen. Esche, Linde, Stieleiche; Cornus sanguinea; Urtica, Aegopodium podagraria, Pulmonaria, Lamium maculatum, Anemone nemorosa, Gräser.

78) Ostrand, etwa 20 m südlich Stelle 77. Bergahorn, Linde, Weißbuche; Aegopodium podagraria, Alliaria officinalis, Geum urbanum, Stellaria holostea, Ficaria, Arum, Viola sp., Adoxa moschatellina.

79) Etwa 50 m südlich Stelle 78. Bergahorn, Esche, Linde; Aegopodium podagraria, Alliaria officinalis, Allium ursinum, Stellaria holostea, Geum urbanum, Lamium galeobdolon.

80) Etwa weitere 50 m südlich. Bergahorn, Esche, Linde; Stellaria holostea, Galium aparine, Aegopodium podagraria, Allium ursinum, Pulmonaria, Stachys sp.

81) Etwa 30 m südlich Stelle 80. Esche, Linde; Cornus sanguinea; Alliaria officinalis, Veronica hederifolia, Allium ursinum, Aegopodium podagraria, Lamium maculatum, Ficaria verna.

82) Etwa 40 m südlich Stelle 81. Linde, Stieleiche; Hasel; Allium ursinum, Alliaria officinalis, Aegopodium podagraria, Pulmonaria, Stellaria holostea.

83) Noch weiter südlich, etwa 100 m nördlich der Langen Brücke. Weißbuche; Alliaria officinalis, Aegopodium podagraria, Pulmonaria, Stellaria holostea, Gräser.

	75	76	77	78	79	80	81	82	83
Acanthinula aculeata	—	—	—	—	—	—	—	—	1
Ena montana	2	—	2	2	—	2	2	2	2
Discus rotundatus	3	3	—	3	3	3	3	3	3
Arion circumscriptus	—	4	—	—	—	—	—	—	—
Aegopinella nitidula	5	5	—	—	5	—	—	—	—
Aegopinella nitens	—	6	—	6	6	—	—	6	—
Oxychilus cellarius	—	—	—	—	7	—	—	—	—
Cochlodina laminata	—	8	—	—	—	—	—	—	—
Clausilia pumila sejuncta	—	9	9	—	9	9	9	—	9
Iphigena plicatula	10	10	10	10	10	10	10	10	10
Laciniaria biplicata	11	11	11	11	11	11	11	11	11
Bradybaena fruticum	12	—	—	—	12	12	—	12	12
Zenobiella umbrosa	13	13	13	—	13	13	—	—	—
Perforatella incarnata	14	14	14	14	14	14	14	14	14
Trichia sericea	—	—	—	—	15	15	15	—	—
Arianta arbustorum	—	—	—	—	—	—	—	16	—
Helix pomatia	17	—	17	17	—	—	—	17	17
Artenzahl:	9	10	7	7	11	9	7	9	9

Wenn die einzelnen Fundstellen in diesem schmalen Zipfel im Durchschnitt nicht artenärmer sind als die des nördlich anschließenden Stückes, so rührt die Kürze der Tabelle lediglich daher, daß die sonst spärlich vorkommenden Arten wegen der kleineren Zahl der Aufsammlungen nicht alle erfaßt wurden.

Mit 32 Landschneckenarten ist der Mittelstreifen tatsächlich besonders artenreich. Auch die Individuendichte ist größer als östlich der Flutrinne.

Der Waldstreifen am rechten Ufer der Elster von der Weißen Mark bis zur Flutrinne

Zwischen der Fahrstraße und der Elster liegt ein Waldstück, das die Form eines nach

Norden sehr spitz ausgezogenen Dreiecks hat. Wir betrachten zuerst den Teil nördlich der großen Flutrinne, in der ziemlich sicheren Annahme, daß diese ein ernsthaftes Hindernis für alle Schnecken darstellt, die sich weiter ausbreiten wollen. Dafür rechnen wir noch den Waldstreifen hinzu, der nördlich der Eythraer Elsterbrücke sich anschließt. Dieser ist in jüngster Zeit durch die umgeleitete Batschke zerschnitten worden, und der kleine Zipfel nördlich der Batschke ist schon einmal bei der Besammlung der „Weißen Mark" mit betrachtet worden (ZEISSLER 1977a, Tabelle 5, Fundstellen 35 u. 36). Viel war dort nicht zu finden gewesen, was auch verständlich war, da sich dicht bei der „Weißen Mark" Gartengelände befand, das von Eythra aus über die Elsterbrücke und den nordwärts führenden Weg zu erreichen war. Jetzt sei der Befund aus dem abgetrennten Nordzipfel noch einmal im Zusammenhang mit dem südlich ehemals dazugehörigen Streifen dargestellt.

Tabelle 9.
Waldstreifen am rechten Elsterufer, von der „Weißen Mark" bis zur Eythraer Brücke.

84) Nördlich der umgeleiteten Batschke, Nordrand, östlich eines kleinen Grabens. Linde, Esche, Weißbuche; Sambucus nigra; Aegopodium podagraria, Urtica, Gräser. Diese und die folgende Aufsammlung vom Mai 1976.
85) Gleiches Stück, Mitte des Südrandes. Berg- und Spitzahorn, Esche, Stieleiche; Sambucus nigra; Chaerophyllum sp., Urtica, Stachys, Aegopodium podagraria, Alliaria officinalis, Gräser.
86) Südlich der Batschke. Nordteil mit Schwarzpappel, Esche, Stieleiche; Rubus caesius; Stellaria holostea, Urtica, Heracleum, Gräser. Diese und die folgende Aufsammlung vom August 1976.
87) Südteil. Stieleiche mit jungen Ulmen; Aegopodium podagraria, Pulmonaria, Gräser.

	84	85	86	87
Ena montana	—	—	1	—
Vitrina pellucida	2	2	—	—
Aegopinella nitidula	—	3	—	—
Aegopinella nitens	4	—	—	—
Oxychilus cellarius	—	—	—	5
Iphigena plicatula	—	—	6	6
Laciniaria biplicata	—	—	7	7
Bradybaena fruticum	—	—	8	8
Bradybaena fruticum fasciata	—	—	—	9
Perforatella incarnata	10	10	10	10
Trichia sericea	11	11	11	11
Cepaea hortensis (gelb)	12	—	12	—
Artenzahl:	5	4	7	7

Da der Südteil des Streifens vom Nordstück des oben behandelten artenreichen Mittelteiles nur durch einen nicht allzubreiten Weg getrennt war, ist das Vorkommen von *Ena* und der häufigeren Clausiliiden nicht verwunderlich.

Südlich der Elsterbrücke nimmt der Wald am Ufer nur langsam an Breite zu. In dem Teil nördlich der Neben-Flutrinne, der nun behandelt werden wird, befinden sich wenige, jetzt so gut wie unbegangene Wege bzw. Schneisen zur Elster, die im Verwachsen begriffen sind. Auch einige Altwasserbogen, die aber nicht einmal mehr feucht sind, durchziehen den Wald.

Tabelle 10. Zwischen der Eythraer Brücke und der Nebenrinne.

88) Wenig südlich der Elsterbrücke. Esche, Ulme; Sambucus nigra; Urtica, Lamium galeobdolon, Stachys sp., Geum urbanum, Aegopodium podagraria, Gräser. Diese und die nächste Aufsammlung vom September 1976.
89) Westlich der Straße gegenüber der Einmündung des Radfahrweges vom Waldbad,

kleine Lichtung mit gestürzten Bäumen. Bergahorn, Esche, Ulme; Sambucus nigra, Urtica, Lamium galeobdolon und L. maculatum, Stachys sp., Geum urbanum, Aegopodium podagraria, Gräser.
90) Nördlich der Querschneise. Esche, Walnuß, Weißbuche, Bergahorn; Rubus caesius; dichte Krautschicht aus Aegopodium podagraria mit Urtica, Glechoma hederacea, Lamium maculatum und Gräsern. Diese und die beiden folgenden Aufsammlungen vom Oktober 1976.
91) Südlich der Querschneise. Esche, Walnuß, Prunus padus, Sambucus nigra, junger Bergahorn; Aegopodium podagraria, Lamium maculatum, Ajuga reptans, Geum urbanum, Pulmonaria, Gräser.
92) Etwa 25 m weiter südlich, und südlich eines kleinen Fußpfades zur Elster. Esche, Weißbuche, Schwarzpappel; Cornus sanguinea, Rubus caesius; Aegopodium podagraria, Pulmonaria, Stellaria holostea, Brachypodium silvaticum.
93) Gegenüber dem Beginn eines krummen Querpfades (Sammelstelle 65 ff.). Oberer Ostrand einer langgestreckten Kuhle. Schwarzpappel, Weißbuche; Arum, Urtica, Stellaria holostea, Veronica hederifolia, Allium ursinum, Lamium maculatum, Galium aparine, Diese und die 3 nächsten Aufsammlungen vom Mai 1977.
94) Im Grund der gleichen Kuhle. Erle; Urtica, Lamium maculatum, Stachys sp., Stellaria nemorum, Cirsium oleraceum.
95) Westrand der gleichen Kuhle (= Ostböschung des Elsterdammes). Weißbuche, Esche, Linde; Veronica hederifolia, Alliaria officinalis, Aegopodium podagraria, Galium aparine, Ficaria verna.
96) Vom Mittelbogen der 11-Bogen-Brücke etwa 15 m waldein. Schwarzpappel; Prunus padus, Sambucus nigra; Stachys sp., Arum, Alliaria officinalis, Aegopodium podagraria, Allium ursinum, Galium aparine, Lamium maculatum.
97) An schrägem Pfad zur Elster, Nordseite, spitzer Winkel zur Straße. Vorwiegend junge Bäume: Weißbuche, Spitz- und Bergahorn, Ulme; Rhamnus frangula; Aegopodium podagraria, Lamium galeobdolon, Geum urbanum, Impatiens parviflora, Brachypodium silvaticum. Diese und alle restlichen Aufsammlungen vom Juli 1977.
98) Stumpfe Ecke südlich des gleichen Pfades, in einer Kuhle, die sich bis zur Elster hinzieht. Schwarzpappel, Weißbuche; Hasel, Rubus caesius; ;Stachys sp., Urtica, Geum urbanum.
99) Am Nordrand der Nebenrinne, etwa 15 m westlich der Straße. Weißbuche, Esche, im Bodenlaub auch Blätter der Sumpfeiche; Alliaria, Lamium maculatum, Circaea lutetiana.
100) Gleicher Rand, etwa 100 m westlich der Straße. Spitzahorn, Esche, Linde, Ulme; Hasel; Alliaria officinalis, Stellaria holostea, Aegopodium podagraria, Lamium maculatum, Fruchtstände von Arum, Geum urbanum, Brachypodium silvaticum und andere Gräser.
101) Gleicher Rand, Ecke zur Elster. Esche, Linde, Weißbuche; artenreiche, aber schüttere Krautschicht.

(Tabelle 10 siehe S. 284)

Hier sieht man besonders an den Spalten 93–95, daß dieses Gebiet ausgetrockneter Altwässer artenärmer ist als der übrige Wald. In diesem Fall ist der Grund der Kuhle noch relativ artenreich. Wohl durch die Nähe des Flusses bedingt, ist dieser doch noch etwas feuchter als die Umgebung, das zeigt nicht nur das Vorkommen des Uferbewohners *Zonitoides nitidus*, sondern auch in der Krautschicht Cirsium oleraceum. Übrigens fällt ganz allgemein auf, daß hier am Fluß auch *Arianta arbustorum*, die östlich der Straße für einen Auenwald recht spärlich vorkam, häufiger und immer wieder angetroffen wurde.

In dem Waldstück, daß sich nun südlich anschließt, befindet sich eine ziemlich große, rechteckige Lichtung, die in älteren Karten als Schonung eingezeichnet, aber jetzt völlig vergrast ist. Zwei noch erhaltene Wege führen nördlich und südlich an ihr vorbei. Dadurch ist dieses Stück besonders übersichtlich gegliedert und bot viele gut zu unterscheidende Fundstellen, die leicht wiederzufinden und deshalb auch teilweise mehrmals aufgesucht worden sind. Darum wird es in 2 Tabellen dargestellt.

Tabelle 10.

	88	89	90	91	92	93	94	95	96	97	98	99	100	101
Cochlicopa lubrica	—	—	—	—	—	—	1	—	—	—	1	—	—	—
Ena montana	2	2	2	2	2	2	—	2	2	2	—	—	2	—
Discus rotundatus	—	—	—	—	3	—	—	3	—	3	—	—	3	—
Arion circumscriptus	—	4	4	4	—	—	—	—	—	—	—	—	—	—
Arion subfuscus	—	—	—	—	—	—	—	5	—	—	—	—	5	—
Arion hortensis	—	—	—	6	—	—	—	6	—	—	—	—	—	—
Nesovitrea hammonis	—	—	—	—	—	—	7	—	—	—	—	—	—	—
Aegopinella nitidula	—	—	—	—	—	—	—	8	8	—	8	—	—	8
Oxychilus cellarius	—	—	9	9	9	—	—	—	—	—	—	—	—	—
Zonitoides nitidus	—	—	—	—	—	—	10	—	—	—	—	—	—	—
Boettgerilla pallens	11	—	—	—	—	—	11	—	—	11	—	—	—	—
Clausilia pumila pumila	—	—	—	—	—	—	—	—	12	—	—	—	—	—
Clausilia pumila sejuncta	13	13	13	13	13	—	—	—	—	13	—	—	13	—
Iphigena plicatula	14	14	14	14	14	—	14	14	14	14	—	—	14	14
Laciniaria biplicata	15	15	15	15	15	15	—	15	15	15	15	15	15	15
Bradybaena fruticum	16	16	16	16	16	—	16	—	16	16	16	16	—	—
Bradybaena fruticum fasciata	—	—	17	—	—	—	—	—	—	—	—	—	—	—
Zenobiella umbrosa	—	18	18	—	18	—	—	—	18	—	18	18	18	—
Perforatella incarnata	19	—	19	19	19	19	19	—	19	19	19	19	19	—
Trichia sericea	20	20	20	20	—	20	20	—	20	—	20	20	20	—
Arianta arbustorum	21	21	21	—	21	—	21	—	21	21	21	21	—	—
Cepaea hortensis (gelb)	22	22	—	—	—	—	—	—	—	—	—	22	—	—
Cepaea sp. (juv., gelb)	—	—	—	23	—	—	—	—	—	—	—	—	—	—
Helix pomatia	24	24	—	—	—	24	—	—	—	24	24	24	24	24
Artenzahl:	11	11	12	11	10	5	9	7	10	10	9	8	10	4

Tabelle 11. Südlich der Nebenrinne und nördlich der rechteckigen Lichtung (Juli 1977)

102) Südrand der Nebenrinne, Ecke zur Elster hinter dem Balsampappel-Rand. Esche, Weißbuche, Stieleiche, Spitz- und Bergahorn; Crataegus monogyna; Aegopodium podagraria, Viola sp., Pulmonaria, Stellaria holostea, Gräser. 2 Aufsammlungen.

103) Gleicher Rand, etwa 50 m westlich der Straße. Esche, Schwarz- und Balsampappel, Bergahorn; Cornus sanguinea, Rubus caesius; Urtica, Aegopodium podagraria, Lamium maculatum, Galium aparine, Gräser.

104) Ecke dicht an der Straße. Spitz- und Bergahorn; Cornus sanguinea, Aegopodium podagraria, Alliaria officinalis, Stellaria holostea.

105) Gewundener Weg zum Nordrand der Lichtung. Spitzer Winkel zur Straße an dessen

Nordseite, hinter einem Straßenrandstreifen. Haselgebüsch mit jungen Linden und Bergahorn, Rubus caesius; Urtica. Müllablagerung.
106) Gleicher Weg, Südseite, stumpfwinklige Ecke zur Straße. Esche, Weißbuche, Rubus caesius; Aegopodium podagraria, Lamium maculatum, Gräser.
107) Derselbe Weg beiderseits des ersten Bogens. Bergahorn, Weißbuche, Erle; Sambucus nigra, Humulus lupulus, Rubus caesius; Lamium galeobdolon, Glechoma hederacea, Circaea lutetiana, Aegopodium podagraria, Urtica, Gräser, Fissidens und andere Moose. 2 Aufsammlungen.
108) Abzweigung zur NO-Ecke der Lichtung. Bergahorn, Stieleiche, Ulme; Hasel, Sambucus nigra, Prunus padus, Cornus sanguinea, Rubus caesius; Aegopodium podagraria, Pulmonaria, Stellaria holostea, Alliaria officinalis, Stachys. Geum urbanum, Urtica, Lamium galeobdolon, Gräser, Fissidens und andere Moose. 3 Aufsammlungen.
109) Bei Abzweigung zur Mitte der Lichtung. Linde, Weißbuche, junger Bergahorn; Hasel, Sambucus nigra; Urtica, Aegopodium podagraria, Circaea lutetiana, Alliaria, Lamium galeobdolon, Glechoma hederacea und viele andere Kräuter, Gräser, Moose. 3 Aufsammlungen.
110) Östlich der Biegung nach Norden. Hoher Bergahorn und Linde; Sambucus nigra, Aegopodium podagraria, Stellaria holostea und St. media, Lamium galeobdolon und L. maculatum, Cirsium oleraceum, Gräser. 2 Aufsammlungen.
111) Gleicher Weg, beiderseits nördlich desselben Bogens, etwa 10 m südlich der Nebenrinne, Bergahorn, Esche, Weißbuche, Ulme; Prunus padus; Aegopodium podagraria, Pulmonaria, Lamium galeobdolon, Ajuga reptans, Stellaria holostea, Gräser. 2 Aufsammlungen.
112) Bei der NO-Ecke der Lichtung, unter altem Wildapfelbaum. Rubus caesius; Aegopodium podagraria, Stellaria holostea, Glechoma hederacea, Umbelliferae indet., Gräser.
113) Nordrand-Mitte der Lichtung, am Weg. Esche, Linde, Bergahorn, Weißbuche; Sambucus nigra; Galium aparine, Pulmonaria, Lamium maculatum, Stellaria holostea, Gräser.
114) Nordrand der Lichtung, Ecke zur Elster. Esche, Bergahorn, Linde, Weißbuche; Sambucus nigra, alter Stubben; Aegopodium podagraria, Stellaria holostea, Pulmonaria.

	102	103	104	105	106	107	108	109	110	111	112	113	114
Carychium tridentatum	—	—	—	—	—	—	1	1	—	—	—	—	—
Ena montana	2	2	2	2	2	—	2	2	—	2	2	—	2
Discus rotundatus	3	3	3	—	—	3	3	3	3	3	3	—	3
Arion rufus (rot)	—	4	—	—	—	juv.	—	—	—	—	—	—	—
Arion circumscriptus	—	—	—	—	5	—	—	—	—	—	—	—	—
Arion fasciatus	—	—	—	—	—	—	—	6	—	—	—	—	—
Vitrina pellucida	—	—	—	—	—	—	7	—	—	—	—	—	—
Vitrea crystallina	—	—	—	—	—	8	—	—	—	—	—	—	—
Aegopinella nitidula	—	9	—	9	9	—	9	9	9	—	—	—	—
Aegopinella nitens	—	—	—	—	—	10	—	—	10	10	—	—	—
Oxychilus cellarius	11	11	11	—	11	—	11	11	—	—	—	11	11
Cochlodina laminata	—	—	—	—	—	12	12	—	—	—	12	12	—
Clausilia pumila pumila	13	—	—	—	—	—	—	—	—	—	—	—	—
Clausilia pumila sejuncta	14	—	—	14	14	14	14	14	14	14	—	—	14
Iphigena plicatula	15	—	15	15	15	15	15	15	15	15	15	—	—
Laciniaria biplicata	16	16	16	16	16	16	16	16	16	16	16	16	16
Bradybaena fruticum	17	17	17	17	17	17	17	17	—	—	17	—	—
Zenobiella umbrosa	18	18	—	18	18	—	18	18	18	—	18	—	—
Perforatella incarnata	19	19	19	19	19	19	19	19	19	19	—	19	19
Trichia sericea	20	—	—	—	—	20	20	20	20	20	20	20	—
Arianta arbustorum	21	21	—	21	21	21	21	21	21	21	21	21	—
Cepaea hortensis (gelb)	—	—	—	22	22	22	22	22	—	—	—	22	—
Cepaea hortensis (rot)	—	—	—	—	23	—	—	23	—	—	—	—	—
Helix pomatia	24	—	24	24	24	24	24	24	24	24	24	24	24
Artenzahl:	13	10	8	11	14	14	17	17	11	10	10	8	7

Hier, wie schon bei der Behandlung des Waldstücks jenseits der Nebenrinne bemerkt, fällt die relative Konstanz der *Arianta arbustorum* auf.

Tabelle 12. Waldstück südlich der rechteckigen Lichtung bis zum Winkel zwischen der Elster und der großen Flutrinne (September/Oktober 1977).

115) Nordwestecke des Waldstückes südlich der Lichtung. Bergahorn, Linde, Hasel, Rubus caesius, Aegopodium podagraria, Lamium galeobdolon, Gräser.
116) Südseite derselben Lichtung, gegenüber einem Ansitz. Esche, Linde; Hasel, Rubus caesius; Aegopodium podagraria, Urtica, Lamium maculatum und L. galeobdolon, Gräser.
117) Südseite der Wendestelle des Weges südlich der Lichtung. Linde, Spitz- und Bergahorn; Prunus padus; Urtica, Aegopodium podagraria, Stellaria holostea, Lamium galeobdolon, Gräser.
118) Am gleichen Weg, gegenüber dem Abzweigpfad zur Flutrinne. Esche, Spitz- und Feldahorn, Weißbuche; Rubus caesius; Aegopodium podagraria, Lamium galeobdolon.
119) Nördlicher Winkel zwischen Straße und Weg zur Südseite der Lichtung. Esche, Spitzahorn, Ulme; Hasel, Rubus caesius, Ribes sp.; Krautschicht schütter, mit Gräsern.
120) Waldrand zur Straße zwischen dem Weg und der Flutrinne. Esche, Ulme, Spitzahorn; Prunus padus, Rubus caesius; Aegopodium podagraria, Stellaria holostea, Lamium galeobdolon, Geum urbanum.
121) Westlich Fundstelle 120, aber noch östlich des Pfades zur Flutrinne, an und bei alten liegenden Stämmen und loser Rinde.
122) Spitzer Winkel östlich zwischen Pfad und Flutrinne. Esche, Bergahorn, Ulme; Hasel, Rubus caesius; dichte Krautschicht, vorwiegend aus Aegopodium podagraria.
123) Stumpfer Winkel westlich zwischen Pfad und Flutrinne. Stieleiche, Spitzahorn; Hasel, Rubus caesius; Aegopodium podagraria, Lamium galeobdolon, Stellaria holostea, Glechoma hederacea, Galium aparine, Gräser.
124) Waldrand an der großen Flutrinne, etwa Mitte zwischen Elster und Fahrstraße. Spitz- und Feldahorn, Esche, Weißbuche; Aegopodium podagraria, Geum urbanum, Alliaria officinalis, Lamium galeobdolon, Gräser.
125) Südlichster Zipfel des Waldstückes zwischen Flutrinne und Elster. Stieleiche, Bergahorn, Weißbuche; Rubus caesius; Aegopodium podagraria, Gräser.

	115	116	117	118	119	120	121	122	123	124	125
Ena montana	—	1	1	1	1	1	1	—	1	1	1
Discus rotundatus	2	—	2	2	2	2	2	2	2	2	2
Arion circumscriptus	3	—	3	—	—	—	—	—	—	—	3
Arion fasciatus	—	—	4	4	—	—	—	—	—	—	—
Arion subfuscus	—	—	—	5	—	—	—	—	—	—	—
Arion hortensis	6	—	—	—	—	—	6	—	—	—	—
Vitrina pellucida	—	—	—	7	—	—	—	—	—	—	—
Oxychilus cellarius	8	—	—	—	—	—	8	—	8	8	—
Cochlodina laminata	—	—	9	9	—	—	—	—	—	—	—
Clausilia pumila pumila	—	—	10	10	—	—	—	—	—	10	—
Clausilia pumila sejuncta	—	11	11	11	—	—	11	—	—	—	11
Iphigena plicatula	12	12	12	12	12	12	12	—	—	—	12
Laciniaria biplicata	13	13	13	13	13	13	13	13	13	13	13
Bradybaena fruticum	—	—	14	14	14	—	—	14	14	—	—
Bradybaena fruticum fasciata	—	—	—	—	15	—	—	—	—	—	—
Zenobiella umbrosa	16	—	—	—	16	16	—	—	16	16	16
Perforatella incarnata	17	17	17	17	17	17	17	17	17	17	17
Trichia sericea	—	—	—	18	—	—	18	18	18	—	—
Arianta arbustorum	—	—	—	—	—	—	—	19	—	—	—
Cepaea hortensis (rot)	—	—	—	—	20	—	—	—	—	—	—
Cepaea sp. (juv., gelb)	21	—	—	—	—	—	—	—	—	—	—
Helix pomatia	22	—	—	—	—	—	—	—	—	—	22
Artenzahl:	10	5	11	13	9	6	9	6	8	7	9

Wenn auch der Gesamtbestand kaum ärmer erscheint als der aus dem Nordteil des Waldstückes (Tabelle 11), so sind doch die Einzelergebnisse zum großen Teil weniger reich. Der Wald ist zwar durchaus ungestört, aber dieser Teil ist offensichtlich schon seit langer Zeit fast isoliert. Nur westlich der Lichtung besteht ein schmaler Zusammenhang mit dem viel individuenreicheren Nordteil. Zuwanderung über die Flutrinne hinweg oder gar über die Elster scheint so gut wie ausgeschlossen zu sein.

Mit insgesamt 29 Landschneckenarten ist auch dieser Waldteil an der Elster artenreicher als der viel ausgedehntere Ostteil. Besonderheiten, die nur hier vorkommen, wurden nicht gefunden, auch die seltenen Arten wurden in den anderen Waldteilen ebenfalls nachgewiesen.

Das Waldstück im südlichen Winkel zwischen großer Flutrinne und Elster sowie der Fahrstraße

Das südlichste Waldstück rechts der Elster könnte man nach seiner Lage zu dem soeben besprochenen Waldteil rechnen, aber ebenso auch zum Ostteil. Das Stück hat fast die Gestalt eines gleichseitigen Dreiecks. Aber es sind einige Flächen ausgespart. Im östlichsten Zipfel ist der Zwenkauer Sportplatz angelegt, und ein schmaler Waldstreifen, der diesen von der Fahrstraße trennt, erweist sich durch seine Schneckenfauna als zum alten Walde gehörig. Mitten am Westrand nach der Elster zu befindet sich ein größeres Stück Ackerland. Südlich jenseits der Batschke befinden sich Gartenkolonien, die sich bis fast zum Imnitzer Gutspark erstrecken. Es existieren mehrere Balsampappel-Bestände, und außer Schwarzpappeln werden auch Silberpappeln angetroffen.

Beginnen wir mit der Betrachtung diesmal bei dem stadtnächsten und am meisten umgestalteten Teil, um den Sportplatz.

Tabelle 13. Südöstlich der Straße nach Eythra, nördlich und westlich vom Zwenkauer Sportplatz.

126) Zwischen Straße und NO-Seite des Sportplatzes. Ein schmaler Streifen Laubmischwald; Aegopodium podagraria, Ficaria verna, Lamium galeobdolon und andere Kräuter, Gräser (März 1977).
127) An der Straße beiderseits des rechtwinklig abzweigenden Weges hinter dem Sportplatz. Esche, Stieleiche; Hasel, Prunus padus, Sambucus nigra, Crataegus oxyacantha, Rubus caesius; Aegopodium podagraria, Pulmonaria, Anemone nemorosa, Adoxa moschatellina, Urtica, Stellaria holostea, Allium ursinum, Glechoma hederacea, Arum, Lamium galeobdolon, Ficaria verna, Gräser. 2 Aufsammlungen, diese sowie alle weiteren vom April 1978.
128) Weiter südwärts, Ostseite der Wegekreuzung. Balsampappeln, junge Eschen und Weißbuchen; Prunus padus, Rubus caesius; Urtica, Corydalis cava, Aegopodium podagraria, Stellaria holostea, Lamium galeobdolon, Gagea lutea, Gräser. 2 Aufsammlungen.
129) Gleicher Weg nach SW, gegenüber der Mitte des Balsampappel-Bestandes. Urtica-Bestand unter Bergahorn, Prunus padus; Hasel, Rubus caesius; mit Aegopodium podagraria, Ficaria verna, Galium aparine, Glechoma hederacea, Gräsern.
130) Südöstlich des 2. Kreuzweges. Balsampappel; Prunus padus, Cornus sanguinea, Rubus caesius; Urtica, Arum, Aegopodium podagraria, Stellaria holostea, Galium aparine.
131) Im Winkel der Wegebiegung zum Feld. Bergahorn; Prunus padus; artenreiche Krautschicht.
132) Südlich des Sportplatzes, beiderseits des Weges zur Wehrbrücke, nahe der Batschke. Bergahorn, Stieleiche, Weißbuche; Prunus padus, Sambucus nigra; Pulmonaria, Aegopodium podagraria, Anemone nemorosa, Veronica hederifolia, Geum urbanum, Lamium galeobdolon, Stellaria holostea, Lilium martagon, Gräser. 2 Aufsammlungen.

	126	127	128	129	130	131	132
Ena montana	1	1	—	1	1	1	1
Discus rotundatus	—	—	—	2	2	2	2
Arion rufus marginellus	—	—	—	3	—	juv.	juv.
Arion circumscriptus	—	—	—	—	—	—	4
Arion fasciatus	—	—	—	—	—	5	5

	126	127	128	129	130	131	132
Arion subfuscus	—	—	—	—	—	6	—
Arion hortensis	—	—	—	—	7	—	—
Vitrina pellucida	—	—	—	—	—	—	8
Aegopinella nitidula	—	—	—	—	—	—	9
Oxychilus cellarius	—	—	10	—	10	—	—
Clausilia pumila pumila	—	—	—	11	11	11	11
Clausilia pumila sejuncta	—	—	—	12	12	12	12
Iphigena plicatula	13	13	13	13	—	13	—
Laciniaria biplicata	14	14	14	14	14	14	14
Bradybaena fruticum	—	15	15	15	15	15	15
Zenobiella umbrosa	—	16	16	16	16	16	—
Perforatella incarnata	17	17	17	17	17	—	17
Trichia sericea	—	—	18	18	—	18	—
Arianta arbustorum	—	—	—	—	19	—	—
! *Cepaea nemoralis* (gelb)	—	—	—	—	—	—	20
Cepaea hortensis (gelb)	21	21	21	—	21	—	—
Cepaea hortensis (rot)	—	22	—	—	—	—	—
Cepaea sp. (juv., gelb)	—	—	—	23	—	23	—
Helix pomatia	—	24	24	—	24	—	—
Artenzahl:	5	9	9	12	12	13	13

Trotz der offensichtlichen Beeinträchtigung der Artenzahl in unmittelbarer Nähe des Sportplatzes ist selbst in dem schmalen Reststreifen zwischen diesem und der Straße *Ena montana* in Anzahl gefunden worden. Gegenüber eben dieser Stelle auf der anderen Seite der Straße liegt das einzige festgestellte Vorkommen der Art im Oststreifen. Ohne Zweifel war die Art im Begriff vom Süden her einzuwandern, während die viel breitere, sonnige Flutrinne der Einwanderung vom Westen her ein Hindernis entgegensetzt.

Eine Besonderheit des Waldstückes ist auch das einzige Vorkommen von *Cepaea nemoralis*, und zwar in der dreibändrigen Morphe 00345. Nur ein einziges, erwachsenes Stück wurde gefunden, jenseits des Waldrandweges zur Wehrbrücke in dem schmalen Waldstreifen vor der Batschke, über die ebendort eine Brücke zu einer Gartenkolonie führt. Während diese Art im nördlichen Auenwald sehr häufig ist – im Schkeuditzer Auenwald herrscht sie vor *C. hortensis* deutlich vor und im Leutzscher Holz ist sie die einzige *Cepaea*-Art (ZEISSLER 1971 u. 1977c) –, ist sie im südlichen Auenwald, soweit dieser überhaupt untersucht wurde, noch nicht nachgewiesen. Auch JURICH nennt sie nicht aus dem Pleiße-Auenwald (JURICH 1963, ZEISSLER 1977a+b, 1979). Vermutlich kommt die Art aus der Gartenkolonie. Weiter südlich, am Rande des Weges, der von Zwenkau in Verlängerung der Auenstraße nach der Wehrbrücke verläuft, habe ich in einem Ruderalstreifen mit Gebüsch (nicht weit vom Imnitzer Gutspark entfernt) im Mai 1978 vom Gebüsch neben einer größeren Anzahl *C. hortensis* und einigen *Br. fruticum* auch 3 weitere lebende *C. nemoralis* gesammelt, und zwar waren alle 3 von roter Grundfarbe mit der Bänderung 00305, 00345 und 00345 (verschmolzenbändrig). Damit ist erwiesen, daß *C. nemoralis* dem südlichen Leipziger Auenwald fehlt, und daß man alle Aufsammlungen unerwachsener Cepaeen aus dem Wald zu *C. hortensis* rechnen muß. Dies ist wichtig für die Bestimmung der Artenkonstanz.

Tabelle 14. Im südlichen Winkel zwischen Flutrinne und Straße, südwärts bis zum einspringenden Feld (März/April 1978).

133) Nördlichstes Stück des NW-Randes zur Flutrinne. Bergahorn, Stieleiche; Prunus padus, Sambucus nigra, Rubus caesius; Arum, Aegopodium podagraria, Ficaria verna, Stellaria holostea, Adoxa moschatellina, Galium aparine, Gagea lutea, Leucojum vernum, Gräser, Mnium und andere Moose. 2 Aufsammlungen.

134) Gleicher Waldrand, etwa Mitte zwischen Nordecke und Feld. Urtica-Bestand unter Esche, Linde; Cornus sanguinea; mit Gräsern, Moosen und altem Holz.
135) Wenig südlich eines Balsampappel-Bestandes mit Hasel; Urtica, Lamium sp., Stellaria holostea, Aegopodium podagraria, Gagea lutea, Arum, Adoxa moschatellina, Ficaria verna, Pulmonaria, Gräser und Moose. 2 Aufsammlungen.
136) Nahe der Ecke an der Nordseite des einspringenden Feldes. Pyramiden-, Silber- und Balsampappel; junge Ulmen, Rubus caesius; Urtica, Lamium album, Arctium, Galium aparine, Aegopodium podagraria, Gräser. 2 Aufsammungen.
137) Bei der NO-Ecke des einspringenden Feldes. Silber- und Balsampappel; Prunus padus, Urtica, Stellaria holostea; Ficaria verna, Arum, Galium aparine, Lamium sp., Gräser.
138) Östlich der Stelle 137, jenseits des Parallelweges zur Flutrinne. Junge Eschen; Urtica, Lamium album, Galium aparine, Pulmonaria, Melandrium sp., Aegopodium podagraria, Umbelliferae indet., Gräser.
139) Westlich des gleichen Weges, dicht südlich einer kleinen Bodenrinne. Esche; Prunus padus, Rubus caesius; Pulmonaria, Gagea lutea, Stellaria holostea, Aegopodium podagraria, Lamium sp., viel Gräser, etwas Moos.
140) Östlich des Weges, nördlich der Stelle 138, kleiner Erlenbestand an sanfter Südböschung derselben Bodenrinne. Urtica, Lamium sp., Galium aparine, Ficaria verna, Arum, viel Moose.
141) Östlicher Winkel zwischen diesem Weg und dem zum Sportplatz. Weißbuche, Bergahorn, Bodenlaub auch von Balsampappel; Arum, Aegopodium podagraria, Stellaria holostea, Lilium martagon, Anemone ranunculoides, Gräser.
142) Mitte zwischen Weg zum Sportpatz und Straße, westlich des Parallelweges. Streifen von Balsampappeln vor Bergahorn-Bestand; Prunus padus, Cornus sanguinea; Urtica, Pulmonaria, Aegopodium podagraria, Lamium sp., Gagea lutea, Gräser.
143) Beiderseits des Endes des Parallelweges an der Straße. Stieleiche, Bergahorn, Weißbuche, Esche; Hasel, Prunus padus, Sambucus nigra, Rubus caesius u. R. idaeus; Urtica, Aegopodium podagraria, Arum, Pulmonaria, Galium aparine, Gagea lutea, Ficaria verna, Anemone nemorosa, Adoxa moschatellina, Lamium sp., Gräser. 2 Aufsammlungen.

	133	134	135	136	137	138	139	140	141	142	143
Ena montana	1	—	—	1	—	1	1	—	1	1	1
Succinea putris	—	—	—	—	—	—	—	—	—	2	—
Discus rotundatus	3	3	3	—	3	3	3	—	3	—	3
Arion circumscriptus	4	—	—	4	—	—	—	—	—	—	—
Arion fasciatus	—	5	5	5	—	—	—	—	—	—	—
Arion hortensis	—	6	—	—	—	—	—	—	—	—	—
Vitrina pellucida	—	—	—	—	—	—	—	—	—	—	7
Aegopinella nitidula	—	—	—	—	—	—	—	—	—	—	8
Aegopinella minor	9	—	—	—	—	—	—	—	—	—	—
Oxychilus cellarius	10	10	—	—	—	—	—	—	—	—	10
Deroceras aff. reticulatum	—	—	—	—	—	—	—	—	—	—	11
Clausilia pumila sejuncta	—	—	—	—	—	12	—	—	12	—	—
Iphigena plicatula	13	13	13	13	13	13	13	—	13	13	13
Laciniaria biplicata	14	14	14	14	14	14	14	—	14	14	14
Bradybaena fruticum	15	15	—	15	15	15	15	15	—	15	15
Bradybaena fruticum fasciata	—	16	16	—	—	16	—	—	—	—	—
Zenobiella umbrosa	—	17	17	17	17	17	17	17	17	17	17
Perforatella incarnata	18	18	18	18	18	18	18	18	18	18	18
Trichia sericea	19	19	19	19	19	19	19	—	—	—	19
Cepaea hortensis (gelb)	20	20	—	20	—	—	20	20	—	—	—
Cepaea sp. (juv., gelb)	—	—	—	—	—	—	—	—	21	—	21
Helix pomatia	22	22	—	22	22	22	22	22	—	22	22
Artenzahl:	12	13	8	11	8	11	10	5	8	8	14

Überraschenderweise sind nicht die Balsampappel-Bestände hier die artenärmsten, sondern ein Erlenbestand (Stelle 140). Aber dort geht aus den Arten der Krautschicht klar hervor, daß es sich um einen Übergangszustand handelt, da der Boden an dieser Stelle nicht mehr so feucht ist wie zu der Zeit, als die dort aufgewachsenen Erlen keimten. Von den Schnecken, die zur neuen Bodenvegetation gehören, sind erst die größten Arten da, die den weitesten Aktionsradius haben, die anderen sind noch nicht hergelangt. Allerdings wirkt sich der höhere Anteil von Hartlaub in der Waldstreuschicht dahin aus, daß die kleineren Bodenbewohner noch spärlicher vorkommen als sonst im „Eichholz".

Tabelle 15. Das Südwestende des „Eichholzes" östlich der Elster (April 1978).

144) Südlich des Feldes, NW-Ecke zur Flutrinne bzw. Elster. Balsampappel; Hasel, Cornus sanguinea, Rubus caesius; Urtica, Glechoma hederacea, Aegopodium podagraria, Stellaria holostea, Pulmonaria, Arum, Anemone ranunculoides, Simsen, Moose.
145) Westrand, etwa 50 m südlich Stelle 144. Lichter Laubmischwald mit altem Bergahorn, Weißbuche; Hasel, Sambucus nigra; sehr artenreiche Krautschicht, aber Stellaria holostea und Anemone ranunculoides vorherrschend.
146) SW-Ecke des Waldes. Kuhle mit Hasel, Sambucus nigra, Prunus padus, Rubus caesius; Urtica, Arum, Pulmonaria und vielen anderen Kräutern.
147) Südrand, spitzer Winkel westlich der Einmündung des schrägen Weges in den Waldrandweg. Spitzahorn, Eiche, Weißbuche; Sambucus nigra; Krautschicht artenreich, aber schütter. Müllablagerung!
148) Derselbe schräge Weg zum Feld, Westseite, außerhalb der Biegung. Urtica-Bestand unter Spitz- und Bergahorn, mit Aegopodium podagraria, Ficaria verna, Arum, Gräsern, Fissidens und anderen Moosen.
149) Stumpfer Winkel zwischen dem schrägen Weg und dem südlichen Feldrand, etwa 10 m waldein. Schwarzpappel, Bergahorn; Prunus padus, Sambucus nigra; Aegopodium podagraria, Arum, Stellaria holostea, Pulmonaria, Adoxa moschatellina, Lamium galeobdolon, Ficaria verna, Anemone nemorosa, Gräser.
150) Südlich der SO-Ecke des Feldes. Urtica-Bestand unter Gebüsch aus Hasel, Crataegus oxyacantha und verschiedenen Baumsämlingen; mit Aegopodium podagraria, Ficaria verna, Galium aparine, Moosen.
151) Mitte der Ostseite des Feldes. Schwarzpappel, Aegopodium podagraria und wenig Gräser.
152) Südöstlich der SO-Ecke des Feldes. Schwarzpappel; Aegopodium podagraria, Urtica, Glechoma hederacea, Moose.
153) Weiter östlich, nördlich der Wegabzweigung und des geschlossenen Allium-ursinum-Bestandes. Bergahorn, Roteiche; Ribes aff. rubra, Rubus caesius; Arum, Aegopodium podagraria, Gagea lutea, Corydalis, Adoxa moschatellina, Pulmonaria, Allium ursinum, Gräser.

	144	145	146	147	148	149	150	151	152	153
Ena montana	1	1	1	1	—	1	—	1	1	1
Discus rotundatus	—	2	2	2	2	2	—	2	2	—
Arion rufus marginellus	—	—	—	—	juv.	—	3	—	—	—
Arion circumscriptus	—	—	—	—	—	—	4	—	—	4
Arion fasciatus	—	5	—	5	—	—	—	—	—	—
Arion hortensis	—	—	—	6	6	—	6	—	—	—
Vitrina pellucida	—	7	7	—	—	7	7	—	7	—
Aegopinella nitidula	—	—	—	—	—	8	8	—	—	—
Aegopinella nitens	—	—	—	—	9	—	—	—	9	—
Oxychilus cellarius	—	—	10	—	—	10	—	—	10	—
Boettgerilla pallens	—	—	—	—	—	—	11	—	—	—
Clausilia pumila pumila	12	—	—	12	12	12	—	—	—	—
Clausilia pumila sejuncta	—	13	—	13	13	13	13	13	13	13
Iphigena plicatula	14	14	—	14	14	14	14	14	14	14
Laciniaria biplicata	15	15	15	15	15	15	15	15	15	15
Bradybaena fruticum	16	16	16	—	16	16	16	16	16	16
Zenobiella umbrosa	17	17	17	—	17	—	17	17	17	—
Perforatella incarnata	18	18	18	18	18	18	18	18	18	18
Trichia sericea	—	—	—	—	19	—	—	19	19	—
Arianta arbustorum	20	20	—	—	20	—	—	—	—	—

	144	145	146	147	148	149	150	151	152	153
Cepaea hortensis	—	—	gelb	—	—	—	—	rot	—	—
Helix pomatia	—	22	22	—	22	22	—	22	22	22
Artenzahl:	8	12	10	9	14	12	12	11	13	8

Der Artenbestand des südlichen Waldstückes kann als ziemlich einheitlich angesehen werden. Selbst mit der eingeschleppten *Cepaea nemoralis* beträgt die Artenzahl insgesamt 26, das sind ebensoviele Arten, wie aus dem Oststreifen bekannt sind. Diese relative Artenarmut hängt sicher nur zum Teil mit der Randlage zusammen. Auch daß Pappeln und insbesondere geschlossene Bestände der Balsampappel vorkommen, beeinträchtigt die Lebensmöglichkeit wenigstens der Arten, die sich von modernden Blättern ernähren. Daß *Cochlodina laminata* nicht gefunden wurde, kann daran liegen, daß hier keine alten umgestürzten Stämme und verrottende Stubben vorhanden waren. Hingegen ist *Ena montana* durch den ganzen Südteil verbreitet, stellenweise vereinzelt, stellenweise gehäuft, ungeachtet des Bestandteils an Pappelblättern im Bodenlaub.

Der Wald westlich der Elster

Wenn der Name „Eichholz" fällt, denkt man zuerst an das geschlossene Waldgebiet östlich der Elster. Daß auch auf dem linken Elsterufer noch etwas Wald gelegen ist, fällt dem Benutzer der Straße Zwenkau–Eythra kaum auf. Erreichbar ist dieser Teil des Waldes am einfachsten von Zwenkau aus über die sogenannte „Wehrbrücke" (s. Karte). Westlich der Brücke befindet sich in geringer Entfernung ein Weidenbestand. Etwas nördlich mündet die sogenannte „Alte Elster" in die Elster ein. Nördlich der Alten Elster zieht sich ein Waldstreifen an der Elster entlang, so daß zwischen ihm und dem Elster-Damm ein Wiesenstreifen von wechselnder Breite gelegen ist. Längs durch diesen Teil des Waldes zieht sich ebenfalls ein ausgetrockneter Altwasserlauf, in dem sich nur an einer Stelle, gegenüber der Abzweigung der großen Flutrinne, ein Restgewässer befand, das fast ganz von Vegetation erfüllt war, und dessen Molluskenfauna noch erwähnt werden wird. Nach Westen wird dieses Waldstück gegen die Feldmark durch einen alten Hochwasserdamm abgegrenzt. Zwischen der Alten Elster und diesem Damm, nur an einer Stelle über ihn hinausgreifend, setzt sich der Wald dergestalt fort, daß er sich in die Bögen der Alten Elster hinein jeweils verbreitert, ohne sie ganz auszufüllen. Vielmehr befindet sich in jedem der Bögen eine kleine, aber offensichtlich genutzte Wiese, zu der ein befahrbarer Stichweg führt. Ein Weg längs durch diesen Teil des Waldes ist nicht vorhanden.

Auch dieses Waldstück bot so viele Sammelmöglichkeiten, daß es in mehreren Tabellen dargestellt werden muß.

Tabelle 16. Der Nordstreifen bis zu der dem Beginn der Flutrinne gegenüberliegenden Stelle.

154) Im nördichsten Zipfel, auf größerer Fläche. Laubmischwald, viel Aegopodium podagraria. Juli 1978.
155) Etwa in halber Länge des Nord-Ausläufers. Bergahorn; Hasel, Spitzahorn-Sämlinge; Aegopodium podagraria, Geum urbanum, Veronica hederifolia, Gräser. Diese und die zwei folgenden Aufsammlungen vom Juni 1978.
156) Etwa 50 m südlich der Mitte, westlich des Endes des nördlichen Schwarzpappel-Bestandes (kein ursprünglicher Wald). Linde, Bergahorn; Allium ursinum, Aegopodium podagraria, Stellaria holostea, Geum urbanum, Gräser.
157) Schmälste Stelle, nordwestlich des südlichen Schwarzpappel-Bestandes. Esche, Ulme, Weißbuche; Hasel, Sambucus nigra; Alliaria officinalis, Galium aparine, Stellaria holostea, Gräser.

158) Einspringende Ecke westlich desselben Pappel-Bestandes am Übergang zum Hauptteil. Ulme, Weißbuche, Bergahorn; Sambucus nigra, Rubus caesius; Arctium, Urtica, Heracleum, Aegopodium podagraria, Stachys, Lamium maculatum, Stellaria holostea, Galium aparine, Allium ursinum, Gräser, Fissidens und andere Moose. Mai 1978.

	154	155	156	157	158
Acanthinula aculeata	—	—	—	1	—
Ena montana	—	—	—	2	2
Discus rotundatus	—	—	—	3	3
Arion rufus marginellus	—	4	—	—	juv.
Arion hortensis	5	—	—	—	—
Vitrina pellucida	—	6	6	—	—
Aegopinella nitidula	—	7	7	7	—
Aegopinella nitens vel *minor*	8	8	8	8	—
Cochlodina laminata	—	—	—	9	—
Clausilia pumila pumila	—	—	10	10	10
Clausilia pumila sejuncta	—	—	11	—	11
Iphigena plicatula	—	—	12	—	12
Laciniaria biplicata	—	13	13	13	13
Bradybaena fruticum	—	—	—	—	14
Zenobiella umbrosa	—	—	—	—	15
Perforatella incarnata	16	16	16	16	16
Trichia sericea	—	—	17	17	17
Arianta arbustorum	—	—	—	—	18
Cepaea hortensis (gelb)	—	—	—	—	19
Helix pomatia	—	20	—	—	20
Artenzahl:	3	7	9	10	14

Sehr anschaulich wird hier, wie in dem lang ausgezogenen Zipfel Schnecken nur spärlich vorkommen (wobei wahrscheinlich doch nicht alle vorkommenden Arten erfaßt sind), die Artenzahl aber kontinuierlich zunimmt, je näher wir dem Hauptteil kommen. Dabei sind *Ena montana* und alle im „Eichholz" verbreiteten Clausiliiden schon am Übergang zum Hauptteil vertreten, ein Zeichen, daß der Wald relativ ungestört war. Minutien und Nacktschnecken sind schwach vertreten bzw. wurden bei dem sonnigen, trockenen Wetter nicht alle gefunden.

Tabelle 17. Der Hauptteil westlich der Elster und nördlich der Alten Elster (April/Mai 1978).

159) Stumpfer Winkel gegenüber dem Beginn der großen Flutrinne. Kuhle mit Schwarzpappeln, Bergahorn, Ulme; Urtica, Ficaria, Stachys, Lamium maculatum, Gräser.

160) Westlich des 2. Altwasserbogens von Norden, an zwei liegenden Eschenstämmen unter Sambucus nigra; Arum, Allium ursinum, Veronica hederifolia, Adoxa moschatellina, Ficaria verna.

161) Im südlichen Altwasserbogen, unter einem großen Haselbusch. Allium ursinum, Aegopodium podagraria, Glechoma hederacea, Adoxa moschatellina, Lamium maculatum, Galium aparine, Gräser.

162) In gleicher Altwasser-Kuhle, bei und südlich eines gestürzten Eichenstammes mit Bewuchs. Iris pseudacorus, Urtica, Galeopsis, Polygonum, Gräser. 2 Aufsammlungen.

163) Ostseite, einspringende Waldecke gegenüber dem Feld. Sambucus nigra, Rubus caesius; Allium ursinum, Urtica, Aegopodium podagraria, Melandrium rubrum, Lamium maculatum, Arum, Ficaria, Gräser.

164) Westlich des südlichen Altwasser-Bogens. Esche, Bergahorn, Linde, Ulme; Sambucus nigra; Stellaria holostea, Veronica hederifolia, Viola sp., Gräser.

165) Westrand, etwas weiter südlich, an und um einen liegenden Eschenstamm. Bergahorn, Ulme; Sambucus nigra; Allium ursinum, Urtica, Stellaria holostea, Galium aparine, Gräser, Moose.

166) Etwa 50 m südlicher, am südlichen Querpfad, 5 m waldein. Esche, Bergahorn, Ulme; Hasel; Allium ursinum, Aegopodium podagraria, Urtica, Stachys, Lamium maculatum, Galium aparine, Gräser.
167) Bogen desselben Querpfades, etwa 15 m vom Westrand. Liegender Eschenstamm, lose modernde Rinde, viel Allium ursinum mit etwas Glechoma hederacea, Galium aparine, Gräsern.
168) Südrand desselben Querpfades, 5–10 m westlich des Ostrandes. Kleine Lichtung mit Urtica, Allium ursinum, Lamium maculatum, Pulmonaria, Glechoma hederacea, Aegopodium podagraria. 2 Aufsammlungen.
169) Ostrand, wenig nördlich der Alten Elster. Ulme, Weißbuche, Bergahorn; Sambucus nigra; Allium ursinum mit Urtica.

	159	160	161	162	163	164	165	166	167	168	169
Cochlicopa lubrica	1	—	—	—	—	—	—	—	—	1	—
Ena montana	2	—	—	—	2	—	—	2	—	2	—
Succinea putris	—	—	—	3	—	—	—	—	—	—	—
Discus rotundatus	—	4	—	—	—	4	—	—	—	4	4
Arion rufus marginellus	juv.	juv.	—	5	juv.	—	5	juv.	—	juv.	juv.
Arion rufus (dunkelbraun)	—	—	6	—	—	—	6	—	—	—	—
Arion circumscriptus	—	—	—	—	—	—	—	—	—	—	7
Arion fasciatus	—	—	8	—	—	—	8	—	—	—	—
Arion subfuscus	9	—	—	9	—	—	—	—	—	—	—
Arion hortensis	—	—	10	—	—	—	—	—	—	10	10
Vitrina pellucida	—	—	—	—	—	11	—	—	—	—	11
Vitrea crystallina	—	—	—	—	—	—	—	—	—	—	12
Aegopinella nitidula	—	—	—	13	13	13	13	13	—	13	13
Aegopinella nitens vel *minor*	14	—	14	—	—	14	—	—	—	14	—
Oxychilus cellarius	—	—	—	—	—	—	—	—	—	—	15
Zonitoides nitidus	—	—	—	16	—	—	—	—	—	—	—
Cochlodina laminata	—	17	—	—	—	—	17	—	17	—	17
Clausilia pumila pumila	—	18	—	—	18	18	18	18	18	—	18
Clausilia pumila sejuncta	—	19	—	—	—	—	19	19	19	19	19
Iphigena plicatula	20	—	20	—	20	—	—	20	20	20	20
Laciniaria biplicata	21	21	21	—	21	—	21	21	21	21	21
Bradybaena fruticum	22	—	22	22	—	22	22	—	—	22	22
Bradybaena fruticum fasciata	—	—	—	23	—	—	—	—	—	—	—
Zenobiella umbrosa	24	—	24	24	24	24	24	24	—	24	24
Perforatella incarnata	25	25	25	25	25	25	25	25	25	25	25
Trichia sericea	26	—	26	26	26	—	—	26	—	26	26
Arianta arbustorum	27	—	27	27	—	27	—	27	—	27	27
Cepaea hortensis (gelb)	—	—	28	28	—	—	—	—	—	—	—
Cepaea hortensis (rot)	—	—	—	—	—	—	—	—	—	29	—
Cepaea sp. (juv.)	gelb	—	—	gelb rot	rot	—	—	—	—	—	—
Helix pomatia	31	—	—	—	—	—	31	—	—	—	—
Artenzahl:	14	7	12	13	10	9	12	11	6	16	18

Die Schnecken feuchteren Geländes sind hier größtenteils reliktär. *Succinea putris* und *Zonitoides nitidus* sind nur in einer Altwasser-Kuhle festgestellt worden, die zwar zur Zeit der Aufsammlung nicht besonders feucht schien, jedoch wurde dort durch Iris pseudacorus angezeigt, daß sich mindestens zeitweise Feuchtigkeit sammelt. Eher hätte man diese Arten am Südende nahe der Alten Elster vermutet. Nacktschnecken der Gattung *Arion* wurden in allen vorkommenden Arten angetroffen, jedoch weitaus am häufigsten junge *Arion rufus*. Hingegen fehlen die kleinsten Arten völlig, bis auf *Vitrea crystallina*, die nur in einem einzigen Exemplar nachgewiesen wurde. Sonst aber ist der Artenreichtum für ein so schmales und von ausgedehntem Wald völlig isoliertes Waldstück beträchtlich und nur dadurch zu erklären, daß es der Rest eines viel größeren Waldes ist und sicher auch mit dem östlichen Waldteil verbunden gewesen ist, da sein Faunenbestand grundsätzlich nicht von jenem abweicht.

Jenseits der Alten Elster schließt sich in breiter Front ein Bestand hoher alter Weiden an. Dieser umgibt einen kleinen Zufluß der Alten Elster. Am Südende einer kleinen, flachen Mulde befindet sich ein Tümpel, der offensichtlich nur ein Rest eines mehrfach größeren Stillwassers ist, sowie anschließend eine kaum fließende Wasserrinne nach Norden. Bis auf einen befestigten befahrbaren Querweg von der Wehrbrücke zur dahinterliegenden Feldmark scheint der Weidenbestand ganz unbeeinflußt zu sein.

Tabelle 17. Weidenbestand am kleinen rechten Zufluß der Alten Elster (April 1978).

170) Ecke im Winkel zwischen Alter Elster und Elsterdamm. Alte Weiden, Urtica, Galium aparine, Heracleum, Veronica hederifolia, Cicuta. Östlich des Sumpfes, etwas höher gelegen.
171) Ostseite, dicht südlich des Querweges, halbschattig, unter Weiden. Urtica, Lamium maculatum, Ranunculus repens.
172) Nördlich des Restteiches, neben gestürztem modernden Weidenstamm, unter altem Laub, wenig Gras.
173) Südzipfel rechts neben dem Restteich. Weiden in mehreren Arten, Erle; Prunus padus, Sambucus nigra; Urtica, Rumex sp., Iris pseudacorus, Gräser.

	170	171	172	173
Cochlicopa lubrica	—	—	1	—
Arion rufus (rot)	—	juv.	2	2
Arion subfuscus	3	—	—	3
Arion hortensis	—	—	—	4
Vitrina pellucida	—	5	—	5
! *Eucobresia diaphana*	—	6	—	—
Nesovitrea hammonis	—	—	—	7
Aegopinella nitidula	8	8	8	8
Aegopinella minor	—	—	—	9
Zonitoides nitidus	—	—	10	—
Iphigena plicatula	—	—	—	11
Laciniaria biplicata	12	12	—	12
Bradybaena fruticum	13	—	—	13
Zenobiella umbrosa	14	14	—	—
Perforatella rubiginosa	—	—	15	—
Perforatella incarnata	16	16	16	16
Trichia sericea	—	17	17	—
Arianta arbustorum	18	18	—	—
Cepaea sp. (juv., gelb)	19	—	—	—
Artenzahl:	8	9	7	11

Daß *Ena montana* und ein Teil der Clausiliiden hier fehlen, ist nicht verwunderlich, denn das Bodenlaub besteht ja zum größten Teil aus Weidenblättern, die den Schnecken nicht zusagen. Hingegen waren alle Feuchtlandschnecken zu erwarten, von denen *Succinea* allerdings nicht festgestellt wurde (sie kann übersehen worden sein).

Dieses so kleine und für viele Schneckenarten nicht einmal günstige Geländestück wies aber auch eine besondere Art auf, die im ganzen übrigen „Eichholz" nicht vorkam: *Eucobresia diaphana*. Ihr Vorkommen hier ist weniger verwunderlich als die Tatsache, daß sie nur hier gefunden wurde, während *Vitrina pellucida*, die ähnliche ökologische Ansprüche stellt, im „Eichholz" verbreitet ist. Wenn sie JURICH (1963) auch nicht im Pleiße-Auenwald fand, so fehlt sie doch sonst nicht im südlichen Auenwald, doch ist sie immer seltener gewesen als *V. pellucida*. Wir kennen sie bereits aus dem „Bistum" und aus einem Erlenwäldchen am Floßgraben (ZEISSLER 1977b) sowie aus der südlichen Lauer (1979). Aus dem Auenwald von Lützschena-Schkeuditz ist sie ebenfalls bekannt (ZEISSLER 1971), allerdings auch da relativ selten. Übrigens kommen im nördlichen Auenwald drei Vitrinidenarten vor, *V. pellucida* immer am häufigsten und *E. diaphana* als seltenste Art, aber ziemlich verbreitet ist dort auch *Semilimax semilimax*. Diese scheint im südlichen Auenwald ausgesprochen selten zu sein, wir kennen sie nur von zwei Fundstellen in der Umgebung von „Illings Lache". Vielleicht ließe sich ihr Fehlen weiter südlich so erklären, daß die Art ursprünglich vom Saaletal elsteraufwärts gewandert ist und ihre Einwanderung noch nicht abgeschlossen war?

Nun ist noch der Südwest-Zipfel des „Eichholzes" links der Alten Elster zu besprechen. Dort befinden sich, namentlich am Damm entlang, Bestände von Allium ursinum, das als Reinbestand ein ungünstiger Lebensraum für Schnecken ist. Aber auch gemischte Krautbestände waren nicht besonders schneckenreich. Am reichsten war die Ausbeute immer da, wo alte Stämme und lose modernde Rinde besammelt werden konnten.

Tabelle 19. Schmaler Fortsatz nach Südwesten, links der Alten Elster (Mai 1978).

174) Etwa 50 m südwestlich vom Hauptteil, nordwestlich vom Damm, NO-Ende des Waldstreifens über dem Damm. Esche, Bergahorn; Sambucus nigra; Lamium maculatum, Stellaria holostea, Aegopodium podagraria, Veronica hederifolia und viele andere Kräuter.
175) Zwischen Damm und Wasser, dicht flußab vom kleineren Bogen. Esche, Schwarzpappel; Hasel, Rubus caesius; Stachys, Lamium maculatum, Aegopodium podagraria, Galium aparine, Urtica, Ficaria, Veronica hederifolia, Gräser.
176) Vorspringende Ecke des NW-Streifens, gegenüber der kleinen Schleife. Kuhle mit Esche, Ulme, Stieleiche; Hasel, Cornus sanguinea, Rubus caesius; Urtica, Galium aparine, Stachys, Lamium maculatum, Veronica hederifolia etc., Gräser, Moose.
177) NW-Rand des Waldes, am Querweg zur Wiese in der kleinen Schleife. Schwarzpappel, Esche; Hasel, Sambucus nigra; Allium ursinum, Alliaria, Stachys, Lamium maculatum, Aegopodium podagraria, Adoxa moschatellina, Gräser.
178) Gleicher Weg, dicht an der Wiese. Esche, Erle, Spitz- und Bergahorn; Sambucus nigra, Prunus padus, Rubus caesius; Urtica, Allium ursinum, Stellaria holostea, Galium aparine, Aegopodium podagraria, Lamium maculatum.
179) Gerader schmaler Waldstreifen südöstlich des Dammes zwischen den beiden Schleifen, nur an liegenden Stämmen und unter loser Rinde.
180) Bei der NO-Seite der großen Schleife, an liegenden Stämmen und unter lockerer Rinde.
181) Ostseite der großen Schleife, Laubmischwald, hohe und dichte Krautschicht, an Urtica und Stachys aufgestiegene Tiere.
182) In der großen Schleife, Mitte des Waldrandes vor der Wiese. Schwarzpappel, Wildkirsche, Birke; Hasel, Crataegus oxyacantha, Sambucus nigra; Aegopodium podagraria, Arum, Polygonatum, Primula elatior, Pulmonaria, Viola sp., Anemone nemorosa, Veronica hederifolia, Gräser.
183) Beim Westende der gleichen Wiese. Bergahorn, Esche, Schwarzpappel; Sambucus nigra; Stachys, Lamium maculatum, Aegopodium podagraria, Galium aparine, Alliaria, Pulmonaria, Anemone nemorosa, Gräser.

	174	175	176	177	178	179	180	181	182	183
Cochlicopa lubrica	—	—	1	1	—	—	—	—	—	1
Ena montana	2	2	—	2	—	—	—	—	2	2
Discus rotundatus	—	—	—	—	—	3	3	—	3	3
Arion rufus	juv.	—	—	—	—	—	—	—	—	—
Arion circumscriptus	—	—	—	—	5	—	—	—	—	—
Arion fasciatus	—	—	6	—	6	—	—	—	—	—
Arion subfuscus	—	—	—	—	—	—	7	—	—	—
Arion hortensis	—	8	—	—	—	—	—	—	—	—
Vitrina pellucida	9	—	9	—	9	—	—	—	9	9

	174	175	176	177	178	179	180	181	182	183
Nesovitrea hammonis	—	—	10	—	10	—	—	—	—	—
Aegopinella nitidula	—	—	11	11	—	—	11	—	11	—
Aegopinella minor	12	12	12	12	12	—	—	—	12	—
Cochlodina laminata	13	—	—	—	—	13	—	—	—	—
Clausilia pumila pumila	—	14	—	—	14	14	14	—	—	14
Clausilia pumila sejuncta	—	—	—	—	—	15	15	—	—	—
Iphigena plicatula	16	—	16	—	16	16	16	—	—	16
Laciniaria biplicata	17	17	—	17	17	17	17	—	—	—
Bradybaena fruticum	18	—	—	—	—	—	—	18	—	—
Bradybaena fruticum fasciata	—	—	—	—	—	—	—	19	—	—
Zenobiella umbrosa	20	20	20	—	20	—	—	20	—	—
Perforatella incarnata	21	21	21	21	21	—	—	—	21	21
Trichia sericea	22	22	22	—	22	—	—	22	22	22
Cepaea hortensis (gelb)	—	—	23	—	23	—	—	23	—	—
Cepaea hortensis (rot)	—	—	—	—	—	—	—	24	—	—
Helix pomatia	—	—	—	—	—	—	—	25	—	—
Artenzahl:	11	8	11	6	12	6	7	7	7	8

Der Artenbestand ist kaum geringer als im Hauptteil. Daß aber selbst so häufige Arten wie *Laciniaria biplicata* oder *Perforatella incarnata* nicht als konstant belegt sind, kann nur an der geringeren Inidividuendichte liegen, so daß niemals alle Arten gemeinsam gefunden wurden.

Insgesamt wurden in dem schmalen und zerlappten Waldstück links der Elster mindestens 31 Arten Landschnecken gefunden. Damit ist dieser Teil der artenreichste nach dem Mittelstreifen. Da seit der letzten Elster-Regulierung von dem Hauptteil des „Eichholzes" keine Schnecken mehr zugewandert sein konnten, verdankt das Stück seinen Artenreichtum einfach seiner Abgelegenheit.

Ergebnis

An der malakofaunistischen Untersuchung des „Eichholzes" ist 3 Sommer lang gearbeitet worden, und der Nordteil war schon vernichtet, ehe die Teile im Süden und links der Elster überhaupt untersucht wurden. Es sind weit über 200 Aufsammlungen von insgesamt 183 Landfundstellen eingetragen worden. Ein so dichtes Netz von Untersuchungspunkten war nötig, weil die Fauna des Gebietes nie wieder untersucht werden kann.

In der folgenden Tabelle 20 soll eine Gesamtübersicht über die Landschnecken gegeben werden. Die Arten sind nach ihrer Konstanz angeordnet, die Nummern der Spalten entsprechen den Nummern der Tabellen des vorstehenden Textes. Für jede Art ist eingetragen, wie viele Fundstellen von ihr in jedem Teilstück festgestellt worden sind. Farbmorphen von *Arion rufus* und *Cepaea hortensis* sowie andere Sonderformen sind dabei nicht berücksichtigt, sondern nur das Vorkommen der Art schlechthin wurde erfaßt. Dabei wurden die jugendlichen Exemplare von *Cepaea* immer zu *C. hortensis* gerechnet, weil die Wahrscheinlichkeit für diese Zuordnung spricht. Ferner konnten *Aegopinella nitens* vel *minor* nicht präzisiert werden, weil keine anatomische Nachprüfung erfolgen konnte. *Deroceras* sp. wurde auch zusammengefaßt, obwohl dabei ebenfalls wahrscheinlich ist, daß zwei Arten vorlagen, denn einmal fanden sich nur helle und das andere Mal nur dunkelgefleckte Tiere. Nur *Clausilia pumila pumila* wurde von *Clausilia pumila sejuncta* getrennt gehalten, denn es ist interessant, daß zwar (wie immer schon angenommen) *Cl. p. sejuncta* auch hier im ganzen häufiger und verbreiteter ist, aber doch die Stammform lokal vorherrschen kann. Zwei Spalten wurden rechts noch angefügt, die die Gesamtzahl der jeweiligen Fundstellen und deren Prozentsatz angeben.

Mit ! sind die drei Arten bezeichnet, die offensichtlich im „Eichholz" nicht einheimisch sind. Bei *Cepaea nemoralis* ist dies ungewöhnlich, doch ist das Faktum bereits bei Tabelle 13 diskutiert.

Tabelle 20. Konstanz der Landschneckenarten.

Siehe Tabelle:	Oststreifen 1	2	3	4	Mittelstreifen 5	6	7	8	Weststreifen 9	10	11	12	Südteil 13	14	15	Links d. Elster 16	17	18	19	Summe	%
Eukonstant, 100–75 %:																					
Perforatella incarnata	5	12	9	11	10	9	16	9	4	11	12	11	6	11	10	5	11	4	7	173	94,5
Laciniaria biplicata	5	11	6	10	10	9	16	9	2	13	13	11	7	10	10	4	9	3	6	164	89,6
Iphigena plicatula	5	10	4	9	9	9	17	9	2	11	10	8	5	10	9	2	7	1	6	143	77,1
Konstant, 75–50 %:																					
Zenobiella umbrosa	5	7	6	8	7	6	12	5	—	7	8	6	5	10	7	4	9	2	5	119	65,0
Discus rotundatus	4	6	8	6	6	4	11	8	—	4	10	10	4	8	7	2	4	—	4	106	57,9
Bradybaena fruticum	3	2	2	4	6	7	10	5	2	10	9	5	6	10	9	1	7	2	2	102	55,7
Trichia sericea	4	5	3	4	4	3	9	3	4	10	8	4	3	8	3	3	7	2	7	94	51,3
Akzessorisch, 50–25 %:																					
Ena montana	—	—	—	1	6	5	10	7	1	10	10	9	6	7	8	2	4	—	5	91	49,7
Clausilia pumila sejuncta	—	10	5	7	2	1	9	6	—	7	9	5	4	2	8	2	6	—	2	85	46,4
Helix pomatia	1	4	—	4	5	6	10	5	—	8	12	2	3	9	7	1	2	—	1	80	43,1
Aegopinella nitidula	4	4	5	3	3	4	2	3	1	4	6	—	1	1	2	3	7	4	4	61	33,3
Oxychilus cellarius	3	4	2	4	6	3	5	1	1	3	8	4	2	3	3	—	1	—	—	53	29,0
Cepaea hortensis	—	—	1	4	5	1	2	—	2	4	6	2	6	7	2	1	5	1	3	52	28,4
Aegopinella nitens vel minor	5	3	3	1	5	3	—	4	1	—	3	—	—	1	2	4	4	1	6	46	25,2
Akzidentiell, 25–0 %:																					
f *Arianta arbustorum*	—	—	—	—	4	1	4	1	—	9	11	1	1	—	3	1	7	2	—	45	24,6
Cochlodina laminata	—	5	1	3	—	6	12	1	—	—	4	2	—	—	—	1	4	—	2	41	22,4
Arion circumscriptus	3	4	2	3	—	4	8	1	—	3	1	3	1	2	2	—	1	—	1	39	21,3
Clausilia pumila pumila	—	3	1	—	2	5	—	—	—	1	1	3	4	—	4	3	7	—	4	38	20,8
Vitrina pellucida	4	4	4	—	1	3	1	—	—	—	1	1	1	1	5	2	2	2	5	37	20,2
Arion rufus	—	4	1	2	1	—	1	—	—	—	2	—	3	—	2	2	9	3	1	31	16,9
Arion fasciatus	—	2	2	2	1	—	3	—	—	—	1	2	2	3	2	—	2	—	2	24	13,1
! *Arion hortensis*	—	—	—	2	—	1	3	—	2	2	—	2	1	1	2	1	3	1	1	22	12,0
Cochlicopa lubrica	—	—	—	—	3	1	—	—	—	2	—	—	—	—	—	—	2	1	3	12	6,6
Arion subfuscus	—	—	—	—	—	1	—	—	—	2	—	1	1	—	—	—	2	2	1	10	5,5
Boettgerilla pallens	—	1	—	1	—	2	1	—	—	3	—	—	—	—	1	—	—	—	—	9	4,9
Acanthinula aculeata	1	1	1	1	—	—	1	1	—	—	—	—	—	—	—	1	—	—	—	7	3,8
Nesovitrea hammonis	1	—	1	—	—	—	—	—	—	1	—	—	—	—	—	—	—	1	2	6	3,3
Carychium tridentatum	—	—	—	1	1	—	1	—	—	—	2	—	—	—	—	—	—	—	—	5	2,7
f *Succinea putris*	—	—	—	—	—	2	—	—	—	—	—	—	—	1	—	—	1	—	—	4	2,2
f *Zonitoides nitidus*	1	—	—	—	—	—	—	—	—	1	—	—	—	—	—	—	1	1	—	4	2,2
Vitrea crystallina	—	—	—	—	1	—	—	—	—	—	1	—	—	—	—	—	1	—	—	3	1,6
Deroceras sp.	—	—	—	—	1	—	—	—	—	—	—	—	—	1	—	—	—	—	—	2	1,1
Iphigena lineolata subcruda	—	—	—	—	2	—	—	—	—	—	—	—	—	—	—	—	—	—	—	2	1,1
Eucobresia diaphana	—	—	—	—	—	—	—	—	—	—	—	—	—	—	—	—	—	1	—	1	0,6
! *Oxychilus draparnaudi*	—	—	—	—	—	1	—	—	—	—	—	—	—	—	—	—	—	—	—	1	0,6
f *Perforatella rubiginosa*	—	—	—	—	—	—	—	—	—	—	—	—	—	—	—	—	—	1	—	1	0,6
! *Cepaea nemoralis*	—	—	—	—	—	—	—	—	—	—	—	—	1	—	—	—	—	—	—	1	0,6
Artenzahl:	16	20	20	22	24	25	23	17	11	22	23	20	22	20	22	20	27	19	23		

Mit „f" sind die Arten bezeichnet, die dem ehemals feuchteren Auenwald vor der Elster-Regulierung angehören und mehr oder weniger heute Reliktbedeutung haben. Bei *Arianta arbustorum* kann Schatten die fehlende Feuchtigkeit bis zu einem gewissen Grade ersetzen, deshalb ist sie immer noch nicht selten, wenn sie auch nur lückenhaft nachgewiesen ist und in dem ausgedehnten Oststreifen gar nicht mehr vorzukommen scheint. Von manchen anderen Arten, die alle dem Auenwald angehören, überrascht die Seltenheit. Alle kleinen und kleinsten Arten wie *Carychium, Acanthinula, Vitrea, Nesovitrea* sind nicht nur sehr verstreut, sondern immer nur in Einzelstücken gefunden worden, wobei vor allem bei den hellfarbigen Arten ein Übersehen kaum in Frage kommt. Ebenso ist für die Seltenheit von *Eucobresia diaphana* und das Fehlen von *Semilimax semilimax* kein Grund ersichtlich. Einzig *Iphigena lineolata*, die in der Kümmerform *I. l. subcruda* gefunden worden ist und hier an der äußersten Ostgrenze ihres Vorkommens lebt, ist wirklich eine seltene Art.

Mit mindestens 37 echten Arten steht das kleine „Eichholz" nur dem viel ausgedehnteren Wald der nordwestlichen Elster-Aue bei Lützschena und Schkeuditz nach.

Die Wasserschnecken

Aus verschiedenen Anzeichen ist deutlich zu erkennen, daß der Wald vor nicht sehr langer Zeit noch sehr viel nässer war als heute (beiderseits der regulierten Elster ausgetrocknete Altwasserbögen, Erlenbestände, unter denen Sämlinge von Eschen und Ahorn heranwachsen). Die Schnecken feuchten Landes sind nur noch als Relikte an wenigen Stellen vorhanden. Auch von den Wassermollusken war selbst im ungestörten Wald nicht mehr viel übrig. Es ist mir nicht mehr gelungen, auch nur eine einzige Muschel zu finden.

Nur in folgenden Gewässern fand ich überhaupt noch Wasserschnecken, wenn auch an manchen Stellen nur noch leere Gehäuse: Östlich der Elster in einem kleinen Tümpel außerhalb des Waldes nahe der Schneise, in zwei Altwässern und einem ausgetrockneten Weidenstumpf beiderseits des Radfahrweges vom Waldbad Zwenkau nach Eythra (nahe der Wegbiegung nach Westen), jedoch nicht mehr nach dem Sommer 1976. Die beiden tiefen Altwässer hatten sich zwar wieder teilweise mit Wasser gefüllt, doch waren die Schnecken inzwischen zugrundegegangen. – Westlich der Elster waren nur noch zwei Standorte von Wasserschnecken vorhanden: Ein stark bewachsenes Restgewässer (insbesondere mit Glyceria) in dem Altwasserbogen gegenüber dem Beginn der großen Flutrinne und ferner der Restteich und Weidensumpf rechts der Alten Elster. In letzterer selbst fand ich keinerlei Flußbewohner.

Tabelle 21. Wasserschneckenfunde.

A) Östlich der Elster (August/September 1976).

184) Kleiner Teich östlich vor dem Wald, mit Phragmites-Rand von 1–1,50 m Breite, schon wasserlos, Boden noch etwas weich. Planorbiden teilweise noch lebend.

185) Weidensumpf östlich der Wegbiegung des Radfahrweges, nahe am Waldrand, Boden bedeckt mit verrottendem Laub, mit Glyceria, Bidens, Polygonum minus, Rorippa islandica, Typha angustifolia, Mentha aquatica, Scirpus lacustris. Alle Schnecken abgestorben. 2 Aufsammlungen.

186) Westliches Altwasser im Bogen des Radfahrweges, vegetationsfreie Stelle am Nordende, Boden noch etwas weich, umgeben von Glyceria, Cicuta, Rorippa, Stellaria nemorum, Polygonum minus. Einzelne Planorbiden noch lebend.

187) Gleiches Altwasser, etwa 5 m südlicher, 30–50 cm höher an der Böschung unter Bodenlaub, keine Vegetation.

188) Östliches Altwasser, einzige sichtbare vegetationsfreie Stelle dicht nördlich eines flachen Querdammes, umgeben von Typha angustifolia, Bidens, mit vertrocknenden Lemna sp. Alle Schnecken schon abgestorben.

B) Westlich der Elster (April/Juni 1978).
189) Altwasserrest am Waldrand, SO-Seite des Nordzipfels, Glyceriasumpf.
190) Rechter Zufluß zur Alten Elster, am Nordrand des Restteiches, neben moderndem Weidenstamm. Alle Schnecken abgestorben.
191) Weidensumpf kurz vor der Mündung in die Alte Elster, mit Carex, Calamagrostis, Galium uliginosum.
192) In der Alten Elster, linke Seite gegenüber der Mündung. Totes Laub, Beccabunga, Algenwatte.

	östl. d. Elster					westl. d. Elster			
	184	185	186	187	188	189	190	191	192
Bithynia tentaculata	—	—	—	1	—	—	—	—	—
Aplexa hypnorum	—	—	—	—	—	2	—	—	—
Stagnicola turricula	—	3	3	—	—	—	3	—	—
Radix peregra ovata	4	—	—	—	—	—	—	—	—
Lymnaea stagnalis	5	—	5	—	5	—	—	—	—
Planorbis planorbis	6	6	6	6	6	—	6	—	—
Anisus leucostomus	—	7	—	—	—	7	—	7	7
Planorbarius corneus	8	8	8	8	8	—	—	—	—
! *Zonitoides nitidus*	—	—	—	—	—	9	—	—	—
Artenzahl:	4	4	4	3	3	3	2	1	1

Zonitoides nitidus ist eine Feuchtlandschnecke, aber hier wurde sie mit aus dem Wasser gesiebt, in das sie wahrscheinlich nur zufällig hineingefallen war. Die echten Wasserschnecken sind in jedem Fall nur ein sehr beeinträchtigter Faunenrest. Der *Anisus* aus der Alten Elster ist offensichtlich bei einem Hochwasser aus dem Weidensumpf eingespült worden und hat sich deshalb lebend erhalten, weil die Alte Elster heute ein Stillwasser ist und er sich an dem kleinen Bestand von Veronica beccabunga festsetzen konnte. Damit ist auch angezeigt, daß die Wasserqualität für anspruchslose Wasserschnecken nicht zu ungünstig ist. Weil aber die ursprünglichen Bewohner des Gewässers ganz und gar fehlen, ist anzunehmen, daß sein Wasser schon einmal stärker verunreinigt war. Da die Tellerschnecken, die das Austrocknen ihres Gewässers längere Zeit überleben können, hier am verbreitetsten und häufigsten waren, ist daraus zu schließen, daß die Vernichtung der Fauna ausschließlich durch Austrocknen verursacht worden ist. Wäre Verschmutzung der Stillgewässer die Ursache gewesen, dann wäre *Lymnaea stagnalis*, die atmosphärische Luft atmet, überall als letzte Art übriggeblieben.

Zusammenfassung

Ein Wald im Süden Leipzigs, der wegen vorgesehenen Braunkohlenabbaues gefällt werden mußte, wurde unmittelbar zuvor noch auf seine Schneckenfauna untersucht. Ein besonders dichtes Netz von Fundstellen wurde besammelt. Es ergaben sich 37 Arten von Landschnecken und 8 Arten Wasserschnecken, da die Gewässer durch Senkung des Grundwasserspiegels schon fast sämtlich ausgetrocknet waren. Muscheln wurden überhaupt nicht mehr gefunden.
3 Landschneckenarten sind in dem Gebiet nicht heimisch, von diesen hat sich *Arion hortensis* aktiv im Walde verbreitet. Überraschend ist das seltene und spärliche Vorkommen insbesondere der kleinsten Arten, das nicht erklärt werden kann. Eine echte Seltenheit für das Gebiet ist *Iphigena lineolata subcruda* BOETTGER. Ein Einzelstück, das aber nicht der Kümmerform angehört, ist 1952 im Schkeuditzer Auenwald gefunden worden. Dies ist das östlichste Vorkommen der Art in der DDR.

Summary

DETAILED RESEARCH ON THE SNAIL FAUNA IN THE FOREST „EICHHOLZ" NEAR ZWENKAU, DISTR. LEIPZIG-LAND

This forest south of Leipzig is to be cut down because of the tertiary coal beneath its soil. So a detailed research for its snail fauna at 192 finding places was made. The result was a list of 37 species of terrestrial snails but only 8 species of water snails, as most of the swamps and ponds were already dried up by lowering of the subsoil water level. Bivalves were even found no more.

3 species of terrestrial snails were introduced, one of them (*Arion hortensis*) has spread actively through the area. The rarity of some species especially of the minuties, is surprising and cannot be explained. *Iphigena lineolata subcruda* BOETTGER was found here only in a few specimens for the second time near Leipzig, this species reaches here the eastern boundary of its area.

Résumé

RECHERCHE DÉTAILLÉE DES GASTÉROPODES DANS LA FORÊT D'„EICHHOLZ" PRÈS DE ZWENKAU, ARR. LEIPZIG-LAND

Une forêt que sera coupée pour exploiter le lignite tertiaire là-dessous, était examinée en détail avant qu'elle disparût. 37 espèces de gastéropodes terrestres et 8 espèces aquatiles ètaient trouvées, mais point de bivalves.

3 espèces n'ètaient pas endémiques, l'une d'eux, *Arion hortensis*, s'est répandu activement par l'aréal. Nulle raison n'est évidente, pourquoi tous les espèces minces sont extrèmement rares ici. Une rarité, en effet, est la Clausiliide *Iphigena lineolata subcruda* BOETTGER, car ici se trouve l'extrémité orientale de son aréal.

Literatur

EHRMANN, P., 1933 bzw. 1956: Mollusca. In: BROHMER/EHRMANN/ULMER, Die Tierwelt Mitteleuropas, II/2. Leipzig.

KRAUSP, C., 1962: Zur malakologischen Faunistik Südost-Thüringens. – Mitt. Berliner Malak. Ges., **2** (17): 14–20.

JURICH, D., 1963: Faunistisch-ökologische Untersuchungen der Mollusken des Pleiße-Tales zwischen Leipzig und Böhlen. Unveröff. Staatsexamensarbeit, Karl-Marx-Universität Leipzig, Zoolog. Institut.

ZEISSLER, H., 1971: Schnecken im Auenwaldgebiet nordwestlich von Leipzig. – Malak. Abh. Mus. Tierk. Dresden, **3** (15): 175–223.

—, 1973: Schnecken aus dem zusammenhängenden Waldgebiet westlich des Breitenberges bei Bad Berka. – Malak. Abh. Mus. Tierk. Dresden, **4** (10): 73–86.

—, 1977a: Schnecken im waldigen Westteil der sogenannten „Weißen Mark" nördlich von Zwenkau bei Leipzig. – Malak. Abh. Mus. Tierk. Dresden, **5** (24): 313–323.

—, 1977b: Mollusken aus dem Gebiet zwischen Markkleeberg-Zöbigker, Cospuden und Zwenkau vor Einsetzen des Braunkohlen-Abbaues. – Malak. Abh. Mus. Tierk. Dresden, **5** (13): 167–195.

—, 1977c: Schnecken aus den nordwestlichen Wäldern des Leipziger Stadtgebietes. – Malak. Abh. Mus. Tierk. Dresden, **5** (16): 213–236.

—, 1979: Mollusken im Waldgebiet zwischen Leipzig-Lauer, Cospuden und Zöbigker (Kr. Leipzig-Land). – Malak. Abh. Mus. Tierk. Dresden, **6** (7): 89–103.

Anschrift der Autorin:

Dr. H. Zeißler, DDR – 7022 Leipzig, Michael-Kazmierczak-Straße 3.

III-28-2 D 153/79

MALAKOLOGISCHE ABHANDLUNGEN
STAATLICHES MUSEUM FÜR TIERKUNDE IN DRESDEN

Band 6 Ausgegeben: 28. Mai 1980 Nr. 22

Arion fasciatus und Clausilia cruciata am nördlichen Fuß der Bieszczady (VR Polen)

(Gastropoda, Stylommatophora)

MANFRED MATZKE
Halle/S.

Die Bieszczady sind ein nordwestlicher Ausläufer der Karpaten. Im Nordwesten grenzen sie an die Ostbeskiden. In unmittelbarer Nähe des Ortes Pszczeliny am nördlichen Fuß der Bieszczady im Südosten der VR Polen hat der Autor am 21. Juni 1979 je ein lebendes Exemplar von *Arion fasciatus* NILSSON und *Clausilia cruciata* STUDER gefunden. Pszczeliny liegt an dem Fluß Wołosaly, einem Nebenfluß des San, etwa 19 km südlich von Czarna und ungefähr 70 km südlich von Przemyśl in einer Höhe von etwa 600 m über dem Meeresspiegel an der Straße von Czarna nach Süden zum Bieszczadzki Park Narodowy. In der Nähe befinden sich Berge von 781 m, 886 m und 890 m Höhe.

Ein halbwüchsiges Exemplar von *Arion fasciatus* NILSSON (*Arion fasciatus fasciatus* NILSSON 1822, *Arion circumscriptus nilssoni* POLLONERA 1887) wurde auf Grünland an einer von der Straße abfallenden kurzen Böschung gefunden. Die Grundfarbe war hellgrau. Unmittelbar unter den dunklen Stammbinden befanden sich lateral gelbe Seitenbinden. Eine hellere Medianlinie auf dem Rücken war ebenfalls gelb. Die durch gelbe Seitenbinden gekennzeichnete Form des Formenkreises *Arion circumscriptus* JOHNSTON nannte LOHMANDER (1937) als eigene Art *Arion fasciatus* NILSSON oder *Arion nilssoni* POLLONERA. Für die Verbreitung des gesamten Formenkreises des *Arion circumscriptus* gibt JAECKEL (1962) auch Südpolen und die Karpaten an. Speziell *Arion fasciatus* wird für das Gebiet nicht genannt. Der Autor hat die Art bisher in verschiedenen Grünlandgesellschaften im südlichen Teil der Deutschen Demokratischen Republik, in der Großstadt Halle/S. sowie in einem Dorf in der Nähe von Halle und in der Kleinstadt Lichtenstein im Süden der DDR mit ziemlich hoher Konstanz und teilweise relativ hoher Dominanz angetroffen (MATZKE 1968, 1973, 1975a, 1975b, 1976, 1979).

Wenige Meter von der genannten Straßenböschung entfernt wurde auf feuchtem Grünland am Rande von Waldbeständen unter der Borke eines am Boden liegenden Astes ein lebendes adultes Exemplar von *Clausilia cruciata* gefunden. Die Schale besitzt eine Höhe von 10,3 mm und eine Breite von 2,5 mm. Beim Vorkommen der Art nennt CLESSIN (1876) auch die Karpaten, EHRMANN (1933) führt den gesamten Karpatenbogen mit an, JAECKEL (1962) den Bogen der Karpaten und die Beskiden.

Summary

ARION FASCIATUS AND CLAUSILIA CRUCIATA AT THE NORTHERN FOOT OF BIESZCZADY MOUNTAINS (POLAND)

In June, 1979 near the Bieszczady Mountains (S. E. Poland) in each case one specimen of *Arion fasciatus* NILSSON and *Clausilia cruciata* STUDER have been found by the author.

Literatur

CLESSIN, S., 1876: Deutsche Excursions-Mollusken-Fauna. Nürnberg. S. 267–269.

EHRMANN, P., 1933: Weichtiere, Mollusca. In: BROHMER, EHRMANN u. ULMER: Die Tierwelt Mitteleuropas, 2 (1). Leipzig. S. 69–70.

JAECKEL, S. G. A., 1962: Ergänzungen und Berichtigungen zum rezenten und quartären Vorkommen der mitteleuropäischen Mollusken. In: BROHMER, EHRMANN u. ULMER, Die Tierwelt Mitteleuropas, 2 (1), Ergänzung. Leipzig. S. 118–119, 153–154.

LOHMANDER, H., 1937: Über die nordischen Formen von *Arion circumscriptus* Johnston. – Acta Soc. Fauna et Flora Fennica, **60**: S. 90–112.

MATZKE, M., 1968: *Arion circumscriptus* f. *flava* und *Cochlicopa lubrica* f. *hyalina* auf Bergwiesen im Thüringer Wald. – Malak. Abh. Mus. Tierk. Dresden, **2** Nr. 11: S. 189–192.

—, 1973: Landgastropoden innerhalb einer Großstadt am Beispiel von Halle an der Saale. – Malak. Abh. Mus. Tierk. Dresden, **4**, Nr. 3: S. 21–38.

—, 1975a: Molluskenbesiedlung von Grünlandgesellschaften im mittleren und südlichen Teil der Deutschen Demokratischen Republik. – Malak. Abh. Mus. Tierk. Dresden, **4**, Nr. 23: 207–221 + Tab.

—, 1975b: *Boettgerilla pallens (vermiformis)* bei Halle/Saale. – Malak. Abh. Mus. Tierk. Dresden, **4**, Nr. 29: 253–254.

—, 1976: Zur Schneckenbesiedlung von Auenwiesen im Süden der Deutschen Demokratischen Republik. – Malak. Abh. Mus. Tierk. Dresden, **5**, Nr. 9: 129–132.

—, 1979: Landgastropoden innerhalb einer Kleinstadt am Beispiel von Lichtenstein am Fuße des Westerzgebirges. – Malak. Abh. Mus. Tierk. Dresden, **6**, Nr. 12: 145–167.

Anschrift des Autors:
Doz. Dr. M. Matzke, DDR – 402 Halle (S.), Falkenweg 5.

MALAKOLOGISCHE ABHANDLUNGEN

STAATLICHES MUSEUM FÜR TIERKUNDE IN DRESDEN

Band 6 Ausgegeben: 28. Mai 1980 Nr. 23

Die Variabilität von Bradybaena fruticum (O. F. MÜLLER), mit Beschreibung einer neuen Unterart aus Rumänien

(Gastropoda, Stylommatophora, Bradybaenidae)

Mit 6 Abbildungen

ALEXANDRU V. GROSSU

Bukarest

In unseren systematisch-taxonomischen Arbeiten stellten wir bei den meisten Gastropodenarten eine große Regelmäßigkeit der Schale und des anatomischen Aufbaus fest, die eine Identifizierung erleichtert. Unterschiede in der Dimension wie auch in der Färbung, in der Dicke und im Relief der Schale in Verbindung mit ihrer Verbreitung in verschiedenen Höhenlagen können durch die Existenz unterschiedlicher, scharf abgegrenzter ökologischer Bedingungen erklärt werden (GROSSU 1939), die zu kleinen Modifikationen in der Artstruktur führen. Anders ist es, wenn große Unterschiede bei adulten Exemplaren der gleichen Population vorhanden sind, die also gleichen Bedingungen des Klimas, der Höhenlage und des Breitengrades unterliegen. Man kann feststellen, daß einige Merkmale sehr stabil sind (besonders Gattungs- und Familienmerkmale), während andere eine große Variabilität zeigen.

In dieser Arbeit möchten wir darlegen, worin diese Variabilität besteht, wie sie erklärt werden kann und welche Kriterien für die Bestimmung der polymorphen Arten verwendet werden sollten. In zahlreichen anderen Arbeiten demonstrierten wir die Variabilität an vielen Arten der Familie Limacidae, in dieser Arbeit soll die Art *Bradybaena fruticum* (O. F. MÜLLER 1778) besprochen werden, die in Europa und Rumänien weit verbreitet ist und sehr polymorph auftritt.

Grundlage unserer Feststellungen sind mehrere hundert Exemplare der Art, die an über 20 Fundorten in allen Teilen Rumäniens gesammelt wurden, sowie Vergleichsmaterial (nur Schalen) aus Ungarn, der Tschechoslowakei, dem Gebiet beider deutscher Staaten u. a. Besonderes Augenmerk richteten wir auf das Studium der Populationen folgender Fundorte in Rumänien: Sinaia (Bucegi und Cumpătu), Bukarest (Cernica), Ciorăni (Bezirk Vrancea), Cluj (Gârbău-Tal, leg. Dr. M. DRAGOŞ) und Miniş-Tal (Bozovici-Banat). An den Exemplaren dieser Fundorte haben wir die Variabilität sowohl der Schale als auch des Genitalapparates verfolgt. Außerdem hatten wir für unsere Studien verschiedene Exemplare aus der Gegend der „Veteranenhöhle" am Eisernen Tor im Donautal zur Verfügung.

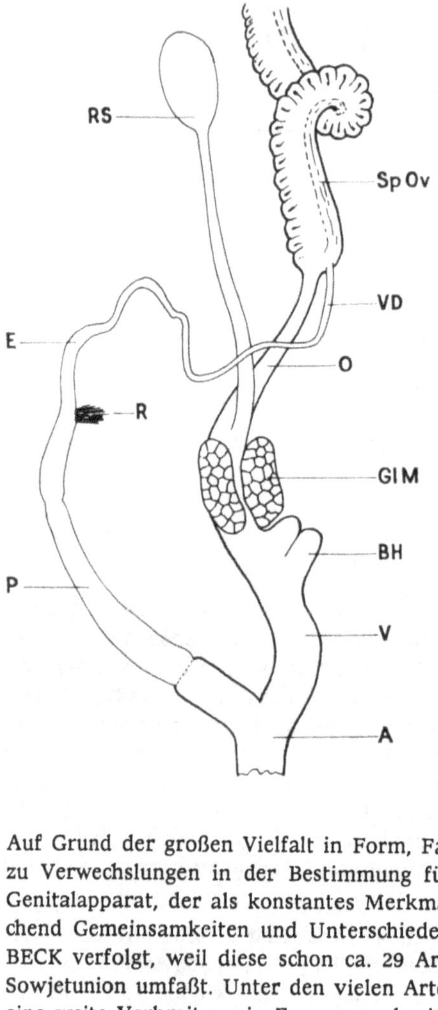

Fig. 1. Genitalapparat von *Bradybaena fruticum* (O. F. MÜLLER) (Miniş-Tal, Bozovici-Banat, VI.1954). A = Atrium; BH = Bursa hastae (Pfeilsack); E = Epiphallus; GlM = Glandulae mucosae (Schleimdrüse); O = Oviductus; P = Penis; R = Penisretractor-Muskel; RS = Receptaculum seminis; SpOv = Spermoviduct; V = Vagina; VD = Vas deferens (Samenleiter).

Auf Grund der großen Vielfalt in Form, Farbe und Dimension der Schale, welche leicht zu Verwechslungen in der Bestimmung führt, untersuchten wir besonders genau den Genitalapparat, der als konstantes Merkmal gilt. Soweit als möglich haben wir vergleichend Gemeinsamkeiten und Unterschiede zu anderen Arten der Gattung *Bradybaena* BECK verfolgt, weil diese schon ca. 29 Arten (SCHILEYKO 1978) allein im Ostteil der Sowjetunion umfaßt. Unter den vielen Arten der Gattung hat nur *Bradybaena fruticum* eine weite Verbreitung in Europa, und wir versuchten festzustellen. ob die Variabilität an eine bestimmte Anatomie gebunden ist und ob diese Variabilität zu neuen Arten oder Unterarten führt.

Sowohl die Familie *Bradybaenidae* als auch die Gattung *Bradybaena* unterscheiden sich von den Helicidae durch den Ansatz der Schleimdrüse (Glandula mucosae) direkt am Pfeilsack und nicht an der Vagina. Diese Drüse kann einfach oval oder in mehrere Lappen geteilt sein, ist meist von unterschiedlicher Dimension und Form und spielt neben anderen Merkmalen eine bedeutende Rolle bei der Artunterscheidung.

Die Schale von *Bradybaena fruticum* ist oval, mit einem schmalen Nabel, weiß bis gelblich, oft rötlich, in der Regel einfarbig oder mit einem dunklen Band am Rand der letzten Windung. Dieses Band taucht sporadisch bei einigen Individuen der Art auf, die Erscheinungsursache ist aber bisher noch nicht geklärt. Es kann ein genetisch bedingter Faktor sein, denn bei anderen Arten dieser Gattung ist das Vorhandensein des peripheren Bandes

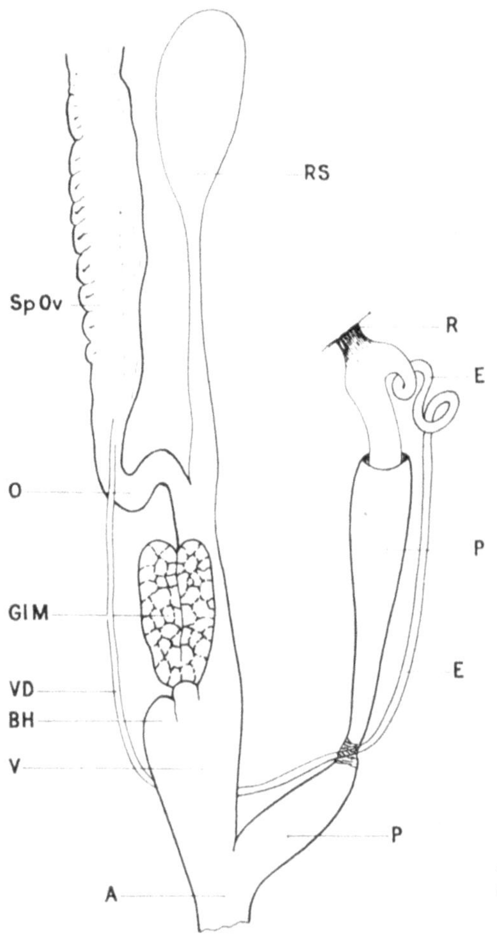

Fig. 2. Genitalapparat von *Bradybaena fruticum* (O. F. MÜLLER) (Naturschutzgebiet Cumpătu-Sinaia, 14. VII. 1978).

ein konstantes Merkmal. In verschiedenen Populationen kann die Schale dick oder dünn, transparent, auch hornfarbig, aber trotzdem fest sein, sie besitzt einen Mundraum, der im Innern mit einer b r e i t e n V e r d i c k u n g verstärkt ist. Die Variabilität der Schale besteht sowohl in der Form (f. *globulosa*, f. *depressa*, f. *microporus*) als auch in der Färbung (f. *fasciata*, f. *rubella*), die schon MOQUIN-TANDON (1855) beschrieb.

Die Dimension der Schale ist mit einer Höhe von 12–18 mm und einer Breite (großer Durchmesser) zwischen 18–21 mm sehr variabel. Die größten Exemplare treten sprunghaft in der Population von Orşova auf und erreichen eine Höhe von 19 mm und eine Breite von 27 mm – also eine große Vielfalt der Schale hinsichtlich Form, Farbe und Dimension.

Bei diesen Unterschieden der Schale haben wir auch die anatomischen Merkmale verfolgt, besonders die des Genitalapparates. In der studierten Literatur stellten wir fest, daß die Zeichnungen und Beschreibungen von GERMAIN (1930), LIKHAREV u. RAMMELMEJER

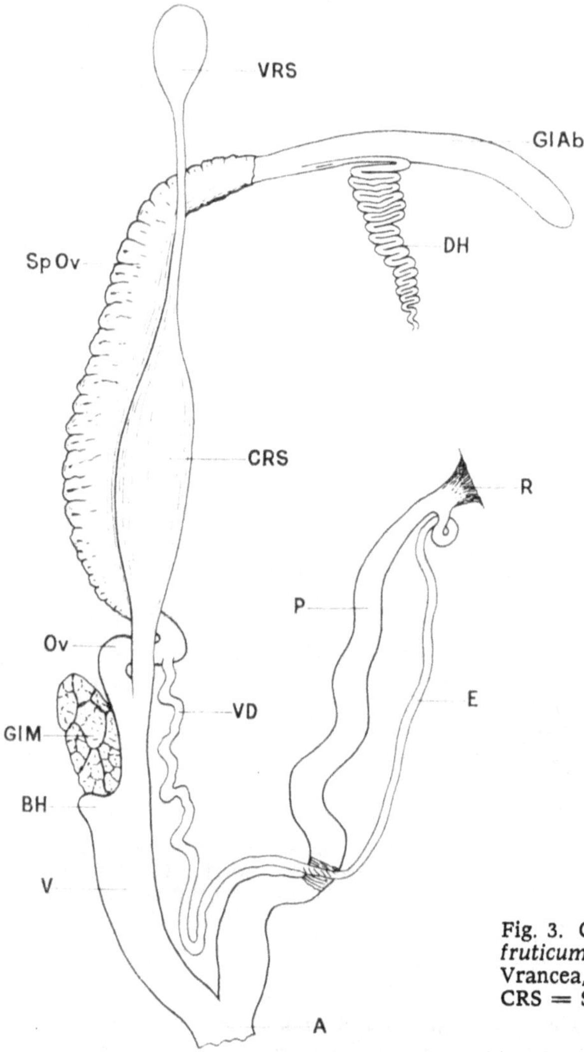

Fig. 3. Genitalapparat von *Bradybaena fruticum* (O. F. MÜLLER) (Ciorăni-Vrancea, Fantana de Cimp, 5. IV. 1978). CRS = Stiel des Receptaculum seminis.

(1952), DAMIANOV u. LIKHAREV (1975), SCHILEYKO (1978) u. a. sich untereinander nicht gleichen. Diese doch recht beachtlichen Unterschiede veranlaßten uns, die Genitalapparate von Individuen der gleichen Population zu untersuchen als auch von Populationen, die in geographisch weiter entfernt liegenden Gebieten leben. Das erklärt auch die Auswahl unseres Studienmaterials.

Auf die einfachste Form des Genitalapparates trifft man bei Exemplaren, die im Miniş-Tal (Bozovici) gesammelt werden (Fig. 1). Der Penis hat keinen gleichmäßigen Übergang zum Epiphallus, der Ductus deferens ist relativ kurz und der gesamte Aufbau ähnelt sehr der Darstellung von GERMAIN (1930); die Schleimdrüse hat zwei gut voneinander getrennte Lappen, der freie Eileiter hat keine Krümmung und die Pfeilsäcke haben deutliche Kon-

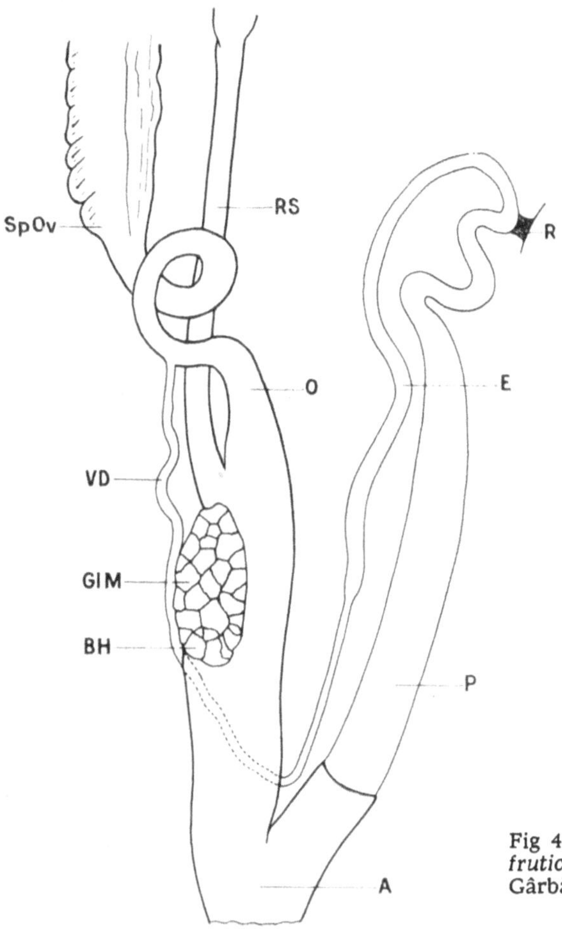

Fig 4. Genitalapparat von *Bradybaena fruticum* (O. F. MÜLLER) (Cluj-Napoca, Gârbău-Tal, V.1965).

turen. Bei allen Exemplaren der gleichen Population stellten wir einen zylindrischen Penis fest, der durch einen entwickelten Retraktormuskel vom Epiphallus getrennt ist.

Bei den Exemplaren der Population von Sinaia (Fig. 2) und bei einigen Exemplaren der Population Ciorăni (Vrancea) (Fig. 3) ist der Ductus deferens stark verlängert, liegt dem Penis an und wird vom oberen Teil der Struktur aufgenommen, die den Penisansatz umgibt, der Epiphallus hat einige proximale Windungen.

Die Exemplare, die der Population aus der Nähe der Stadt Cluj-Napoca angehören (Fig. 4), haben eine sehr verdickte Vagina, an ihr hängt die Schleimdrüse in einer Vertiefung und die beiden Pfeilsäcke werden von ihr bedeckt. Demgegenüber ist der Pfeilsack bei den Exemplaren aus Ciorăni (Vrancea) stärker entwickelt (Fig. 5+6), gestielt und dadurch von der Vagina komplett getrennt; zwischen Vagina und Schleimdrüse ist ein Abstand, der die Schleimdrüse gut kenntlich macht. Die Erscheinungsform mit einem gut entwickelten Pedunculus stellt ein Unterscheidungsmerkmal für andere Arten der Gattung dar. Verwundert waren wir über den spindelförmig verbreiterten Stiel des Receptaculum seminis

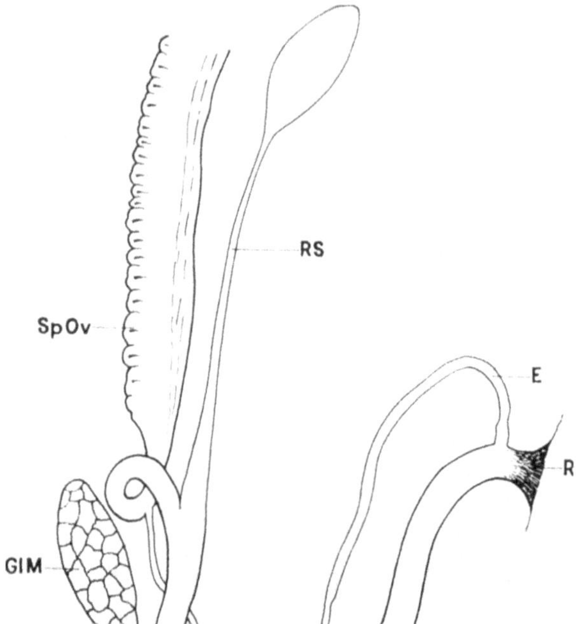

Fig. 5. Genitalapparat von *Bradybaena fruticum* (O. F. MÜLLER) (Ciorăni-Vrancea, Arinaşi, 23. V. 1978).

(Fig. 3), das u. a. ein grundlegendes Merkmal für *Bradybaena fragilis* PILSBRY (LIKHAREV u. RAMMELMEJER 1952, Fig. 321) ist. Welcher dieser Apparate kann also als artcharakteristisch aufgefaßt werden?

Aus dem von uns studierten Material geht klar hervor, daß auch der Genitalapparat von *Br. fruticum* in Rumänien sehr variabel ist; wir haben es also mit einem ausgeprägten Polymorphismus zu tun. Gleichfalls haben wir keine direkte Verbindung zwischen Unterschieden der Schale und des Genitalapparates finden können: alle Tiere mit gleicher Schale können verschiedene Genitalapparate aufweisen, und das sowohl bei Individuen der gleichen als auch anderer Populationen. Diese Unterschiede führen also nicht zu einer neuen Art, weil sie bei Individuen der gleichen Population auftreten. Außer einigen Form- und Dimensionsabweichungen stellt man trotzdem den gleichen Bauplan der verschiedenen Organe des Genitalapparates fest.

Die Veränderungen und verschiedenen Formen der Schale oder des Genitalapparates leiten uns zu dem Schluß, daß es eine breite individuelle Variabilität und damit einen umfassenden Polymorphismus bei der studierten Art gibt. In dem genannten weitgefaßten

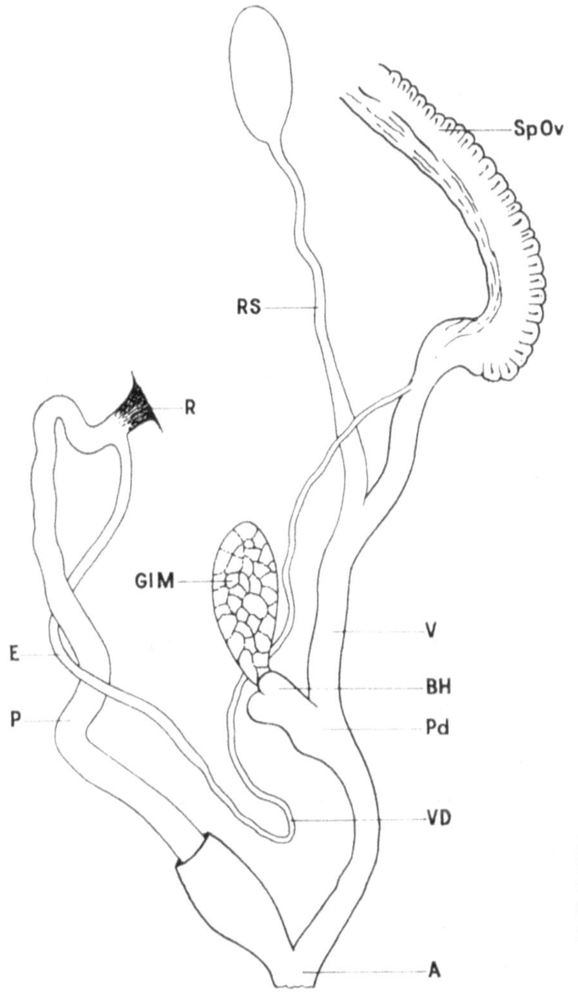

Fig. 6. Genitalapparat von *Bradybaena fruticum* (O. F. MÜLLER) (Ciorăni-Vrancea, Fantana de Cimp, 8. V. 1956). Pd = Pedunculus Bursa hastae.

geographischen Gebiet unterliegen die phylogenetisch alten Merkmale einem ständigen Wechsel, was auf eine erschütterte genetische Struktur hinweist. Die Grenzen der Variabilität können nicht klar umrissen werden, weil Übergangsformen von einem Individuum zum anderen auftreten. Wir haben es also unter bestimmten Bedingungen mit einem Prozeß der Artenneubildung zu tun.

Folglich müssen wir sehr aufmerksam bei der Abgrenzung solcher Arten im allgemeinen und bei der Bestimmung von *Bradybaena fruticum* im besonderen sein. Stützt man sich wie üblich auf die Merkmale der Schale und des Genitalapparates, kommt man auf Grund der Variabilität nicht immer zu einem sicheren Ergebnis. Für die sichere Bestimmung solcher Arten greift man auf biochemische und immunologische Methoden zurück (GROSSU u. TESIO 1974; GROSSU 1977, 1978), um die eine Art kennzeichnende Variabilität von Organen und Strukturen einzugrenzen. Die Methoden der Serologie und der Elektrophorese identifizieren informative Moleküle und konstante Proteine, die Immunodiffusion erlaubt die Bestimmung einiger identischer Komponenten der studierten Art.

Bei *Bradybaena fruticum* würden diese biochemischen Methoden, an verschiedenen Individuen angewandt, zu dem gleichen elektrophoretischen Modell führen, weil die anatomischen Unterschiede innerhalb der gleichen Population auftreten (Fig. 3, 5, 6). Dies läßt sich mit der quantitativen Anhäufung kleiner Form- und Dimensionsvariationen der Schale und des Genitalapparates erklären, die noch nicht für den qualitativen Umschwung der Ausformung einer neuen Art ausreichen; sie können aber zur Herausbildung neuer Unterarten führen, wenn die Bedingungen abgegrenzter Gebiete für bestimmte Populationen gegeben sind. Verfolgt man die Verbreitung der Art nicht nur in Rumänien, sondern im geographisch größeren Maßstab, so glauben wir, daß man geographisch-ökologische Rassen abtrennen kann, in denen die Populationen, bedingt durch bestimmte lokale ökologische Faktoren, einige konstante Merkmale aufweisen können. Solche Untersuchungen sind aber bisher noch nicht erfolgt.

Wie aus unseren Untersuchungen hervorgeht, weist die *Br. fruticum*-Population des Naturschutzgebietes Sinaia-Cumpătu besondere Merkmale auf. Obwohl der Genitalapparat nur einige kleine Besonderheiten besitzt, die sich in die Grenzen der Artvariabilität einfügen, stellten wir in der gesamten Population eine besondere Ausbildung der Schale fest. Sie ist kleiner (Höhe 11 mm, Breite 18 mm), dünn, transparent, rötlichgelb bis fast hornfarbig. Das Tier ist von heller Farbe, weißgrau bis rötlichbraun, zum Teil zitronengelb, der Mantel besitzt unregelmäßig verteilte dunkle Flecke oder Punkte, die durch die transparente Schale hindurch sichtbar sind. Die Schale besitzt regelmäßig innen in der Nähe des Mundsaumes eine parallel dazu verlaufende, abgesetzt weiße Lippe – keine breite und diffuse Verdickung, wie sie bei anderen Populationen auftritt.

Die konstante Dimension und Farbe der Schale dieser Population und das Vorhandensein dieser Lippe ist Beweis genug dafür, daß wir es hier im Vergleich zu den anderen uns bekannten Populationen mit einer eigenständigen ökologischen Rasse zu tun haben. Wir möchten ihr die Bezeichnung **Bradybaena fruticum popovici-baznosanui subsp. n.** geben [1]), in Würdigung und Erinnerung an Professor Andrei POPOVICI-BAZNOŞANU, dem Begründer der Zoologischen Versuchsstation Sinaia-Cumpătu. In diesem Gebiet herrscht in einer Höhe von ca. 800 m NN ein sehr feuchtes und schattiges Klima verbunden mit einer reichen Vegetation, das mit Sicherheit einen entscheidenden Einfluß auf die Ausformung und Konstanz der besprochenen Schalenmerkmale hat. Wir fanden kein Exemplar mit einem peripheren Band, am Genitalapparat stellten wir mehrere proximale Windungen des Epiphallus fest (Fig. 2).

Wir können abschließend feststellen, daß *Bradybaena fruticum* ihre grundlegenden Strukturmerkmale beibehält, obwohl sie eine sehr polymorphe Art ist. Nur einige Besonderheiten der Schale der Population von Sinaia (Naturschutzgebiet Cumpătu) haben uns dazu bewegt, diese ökologische Rasse als *Br. fruticum popovici-baznosanui* subsp. n. abzutrennen.

[1]) Zur Diagnose der neuen Unterart:
Maße: Höhe 11 mm, Breite 18 mm.
Locus typicus: Rumänien, Naturschutzgebiet Sinaia-Cumpătu (Karpaten).
Material: Bisher nur vom Locus typicus bekannt. Holotypus: Coll. GROSSU, Inv.-Nr. 1155. Paratypen: 18 Ex., Coll. GROSSU; 4 Ex., Naturhist. Museum „Gr. Antipa", Bukarest. Sammeldatum aller Exemplare: 14. VII. 1978.

Zusammenfassung

Es wird die große Variabilität der Individuen der Art *Bradybaena fruticum* (O. F. MÜLLER) innerhalb einer Population und auch zwischen verschiedenen, geographisch entfernten Populationen hervorgehoben. Diese Variabilität wurde an der Schale (Dimension, Form und Farbe) sowie am Genitalapparat festgestellt. Für die Artbestimmung reicht auf Grund dieses Polymorphismus ein Unterscheidungskriterium nicht aus. Es wird angenommen, daß sich die besprochene Art auf Grund ihrer Isolation im Westen Europas in einem Umformungsprozeß befindet, weil viele anatomische Strukturen Übereinstimmung mit den entsprechenden Strukturen anderer Arten der gleichen Gattung zeigen, die im Osten der Sowjetunion verbreitet sind. Aus dem großen Variabilitätsbereich hebt sich aber trotzdem die Population aus dem rumänischen Naturschutzgebiet Cumpătu-Sinaia durch einheitliche und konstante Merkmale ab. Diese Population wird einer eigenständigen ökologischen Rasse zugeordnet und unter dem Namen *Bradybaena fruticum popovici-baznosanui* subsp. n. beschrieben.

Résumé

LA VARIABILITÉ DE BRADYBAENA FRUTICUM (O. F. MÜLLER) ET LA DESCRIPTION D'UNE NOUVELLE SOUS-ESPÈCE EN ROUMANIE

Dans ce travail est présentée la grande variabilité individuelle de l'espèce *Bradybaena fruticum* (O. F. MÜLLER) soit dans la même population soit dans les populationes diverses, eloignées geographiquement. Cette variabilité se manifeste soit sur la coquille (dimension, forme et couleur), soit sur l'appareil genital. Pour la détermination de cette espèce on ne peut pas utiliser seulement ni la coquille seule, ni la structure anatomique d'un seul individu, due au polymorphisme. On croit que l'espèce se trouve dans une procèssus de transformation, due à son isolation dans l'ouest de l'Europe, parsque des nombreuses structures anatomique semblables on les retrouvent chez autres espèces de la même genre, espèces qui sont rencontrées dans l'est de l'Union Sovietique. Dans cette large variabilité de la coquille et de genitalia, on peut differentier toutefois la population qui se trouve dans la Réservation Naturelle de Cumpătu-Sinaia (Roumanie), avec des caractères distinctives et constantes pour tous les individus, population qui est considerée qu'appartient à une race ecologique separée, décrite par l'auteur sous la dénomination de *Bradybaena fruticum popovici-baznosanui* subsp. n.

Literatur

DAMIANOV, S. G. et LIKHAREV, I. M., 1975: Fauna Bulgarica, IV. Gastropoda terrestria. Sofia.

GERMAIN, L.,1930: Mollusques terrestres et fluviatiles. Faune de France, 22. Paris.

GROSSU, A. V., 1939: Contribuţiuni sistematice, ecologice şi biologice asupra gasteropodelor din regiunea Sinaia (Masivele Bucegi-Girbova). Teză de doctorat, Timişoara.

—, 1977: Le polymorphisme des gastéropodes et la possibilité d'identifier et de limiter l'espèce avec des methodes biochimiques. – Malacologia, **16** (1), p. 15–19 (Proc. Fifth Europ. Congr. Malacology, Milano).

—, 1978: Metode biochimice în taxonomie şi limitele lor. Probleme de biologie evoluţionistă, p. 85–89. Bucureşti.

—, şi TESIO, C., 1974: Noi orientări in sistematica animală pe baza studiilor biochimice. Progrese şi perspective în Biologie, p. 137–156. Bucureşti.

LIKHAREV, I. M. et RAMMELMEJER, E. S., 1952: Nazemnie molljuski fauny SSSR. Izd. Akad. Nauk SSSR, Moskva.

MOQUIN-TANDON, A., 1855: Histoire naturelle des mollusques terrestres et fluviatiles de France. Paris.
SCHILEYKO, A., 1978: Helicoidea. Fauna SSSR, Molljuski, Tom. III, Fasc. 6. Moskva.

Anschrift des Autors:
Prof. Dr. Al. V. Grossu, str. Ştirbei Vodă 2, ap. 7, 70733 Bucureşti, S. R. România.

Malak. Abh. Mus. Tierk. Dresden, Bd. 6, 1979, 2. Teilband
Akadem. Verlagsgesellschaft Geest & Portig K.-G. Leipzig
Genehm.: Min. f. Kultur, Nr. 105/10/79 III-28-2

Tabelle 1. Der untere helle Chara-Travertin.

Proben 5-8 vom 12. Juli 1960, vermutliche Linsenmitte, von der Bruchsohle bis etwa 0,50 m unter der Oberkante der Linse, von oben nach unten entnommen und numeriert.
Proben 36-37 vom 24. Juli 1961, rechts (westlich) vom Überhang, die untersten 20 cm der Linse.
Jede Probe zu 10 Liter, alle leg. ALBRECHT u. ZEISSLER.

	8	7	6	5	37	36
Vorzugsweise bewegtes Wasser:						
+ Belgrandia germanica	39	960	1921	902	446	2285
Radix auricularia	-	-	-	-	24	6j
Anzahl:	39	960	1921	902	470	2291
Prozent:	1,58	12,81	19,53	5,78	15,60	44,12
Stilles bis leichtbewegtes Wasser:						
Bithynia tentaculata	810	1754	2045	4297	532	550
Bith. tent. (Deckel)	(316)	(757)	(1086)	(1681)	(243)	(277)
Lymnaea stagnalis	-	-	-	1j	-	-
Radix peregra aff. obtusa	616	2032	2210	2977	558	502
Gyraulus acronicus	-	-	-	2	46	46
Bathyomphalus contortus	-	-	2	4	6	39
Pisidium milium	-	-	-	-	-	1
Anzahl:	1426	3786	4257	7281	1142	1138
Prozent:	57,66	50,53	43,30	46,62	37,82	21,92
Stilles, flaches, pflanzenreiches Wasser:						
Valvata cristata	461	1563	2550	4168	454	310
Valv. cristata (monstra)	1	-	-	-	-	-
+ Stagnicola "palustris"	1f	1f	-	-	11j	8j
+ Spiralina vorticulus	-	7	4	77	79	64
Armiger crista nautileus	283	1007	863	2442	222	328
Armiger crista cristatus	232	113	187	636	526	891
Armiger crista (monstra)	7	19	7	48	33	63
Hippeutis complanatus	19	25	37	58	15	17
Segmentina nitida	-	-	1	-	-	-
+ Pisidium pseudosphaerium	1	3	-	-	-	1
Pisidium obtusale	-	-	-	-	2	1
Anzahl:	1005	2738	3649	7429	1342	1683
Prozent:	40,64	36,55	37,11	47,56	44,45	32,41
Amphibisch:						
Galba truncatula	-	-	-	3	5j	7
Prozent:	-	-	-	0,02	0,16	0,14
Wassermollusken insgesamt:	2470	7484	9827	15615	2959	5113
Prozent:	99,88	99,89	99,94	99,98	98,03	98,59
Feuchtes Land:						
Succinea elegans	1	1j	-	-	8	6
Vertigo angustior	-	-	-	1	-	2
Vertigo antivertigo	-	-	-	1ap	1ap	2
+ Columella edentula	-	-	-	-	-	1
Euconulus fulvus	-	-	-	-	-	1
Zonitoides nitidus	1	4f	-	-	7	2
Carychium minimum	-	-	-	-	3	-
Anzahl:	2	5	-	2	19	14
Prozent:	0,08	0,07	-	0,01	0,63	0,27
Mäßig feucht, Schatten:						
Cochlicopa lubrica	-	-	-	-	2ap	-
Vertigo pusilla	-	-	-	-	1	-
Clausilia sp.	-	-	-	-	1ap	-
Carychium tridentatum	1	-	1	-	-	5
Anzahl:	1	-	1	-	4	5
Prozent:	0,04	-	0,01	-	0,13	0,19
Mäßig feucht, Schatten, an Holz oder Stein:						
Punctum pygmaeum	-	-	-	-	2	3
Discus ruderatus	-	-	-	-	3	-
Anzahl:	-	-	-	-	5	3
Prozent:	-	-	-	-	0,16	0,06
Mäßig feucht, Halbschatten:						
Bradybaena fruticum	-	-	-	-	2f	13f
Trichia hispida	-	-	-	-	2f	-
Anzahl:	-	-	-	-	4	13
Prozent:	-	-	-	-	0,13	0,25
Ubiquisten:						
Vallonia pulchella	-	-	-	1j	10	7
Vallonia costata	-	3	2	1j	14	26
Nesovitrea hammonis	-	-	-	-	4	3
Anzahl:	-	3	2	2	28	36
Prozent:	-	0,04	0,02	0,01	0,92	0,69
Trockenrasen:						
+ Pupilla triplicata	-	-	-	-	-	2f
Prozent:	-	-	-	-	-	0,04
Landschnecken insgesamt:	3	8	3	4	60	73
Prozent:	0,12	0,11	0,03	0,02	1,97	1,41
Gesamtbestand:	2473	7492	9830	15603	3019	5192

Tabelle 2. Die bräunliche Chara-Travertingrus-Zwischenschicht.

Probe 4 vom 12. Juli 1960, unmittelbar über Probe 5, mitten unter dem Überhang.
Probe 35 vom 24. Juli 1961, unmittelbar über Probe 36, rechts (westlich) vom Überhang.
Beide Proben zu je 10 Liter, leg. ALBRECHT u. ZEISSLER.

	4	35
Vorzugsweise bewegtes Wasser:		
+ Belgrandia germanica	1895	261
Prozent:	22,26	76,32
Stilles bis leichtbewegtes Wasser:		
Bithynia tentaculata	966	19
Bith. tentaculata (Deckel)	(813)	(7)
Radix peregra aff. obtusa	1129	6
Bathyomphalus contortus	125	4
Pisidium milium	1	-
Anzahl:	2224	29
Prozent:	26,12	8,48
Stilles, flaches, pflanzenreiches Wasser:		
Valvata cristata	371	25
+ Stagnicola "palustris"	24f	1f
Aplexa hypnorum	6	-
Planorbis carinatus	23	-
+ Spiralina vorticulus	341	-
Gyraulus laevis	53	-
Gyraulus acronicus	9	1j
Armiger crista nautileus	1944	9
Armiger crista cristatus	1042	11
Armiger crista (monstra)	240	-
Hippeutis complanatus	90	1
+ Pisidium pseudosphaerium	1	-
Anzahl:	4144	48
Prozent:	48,67	14,04
Amphibisch:		
Galba truncatula	128	1j
Prozent:	1,51	0,29
Wassermollusken insgesamt:	8391	339
Prozent:	98,56	99,13
Feuchtes Land:		
Succinea oblonga	28	-
Vertigo antivertigo	32	-
Zonitoides nitidus	5	-
Carychium minimum	4	-
Anzahl:	69	-
Prozent:	0,81	-
Mäßig feucht, Schatten:		
Cochlicopa lubrica	3f	-
Carychium tridentatum	2	-
Anzahl:	5	-
Prozent:	0,06	-
Mäßig feucht, Schatten, an Holz oder Stein:		
Punctum pygmaeum	1	-
Prozent:	0,01	-
Mäßig feucht, Halbschatten:		
Bradybaena fruticum	-	1f
Prozent:	-	0,29
Ubiquisten:		
Vallonia pulchella	25	1
Vallonia costata	15	1j
Nesovitrea hammonis	4	-
Deroceras agreste	2	-
Eier von Landschnecken	1	-
Anzahl:	47	2
Prozent:	0,55	0,58
Trockenrasen:		
Cochlicopa lubricella	1j	-
Prozent:	0,01	-
Landschnecken insgesamt:	123	3
Prozent:	1,44	0,87
Gesamtbestand:	8514	342

Euconulus fulvus	5	7	37	-	-	7	58	34
Zonitoides nitidus	27	10	83	1	5j	23	236	35
Deroceras laeve	-	2	4	-	-	5	8	1
Carychium minimum	5	20	32	-	-	34	22	-
Anzahl:	370	309	1218	3	7	135	1205	288
Prozent:	0,76	0,83	0,70	2,01	1,90	1,69	1,12	1,48
Mäßig feucht, Schatten:								
Cochlicopa lubrica	-	-	52	-	2f	-	16f	-
Vertigo pusilla	9	10	2	-	-	6	50	3
+ Vertigo alpestris	1	-	1	-	-	1	5	2
Clausilia sp.	-	-	-	-	-	-	1f	-
Aegopinella aff. pura	-	-	-	-	-	-	2j	-
Vitrea contracta	2	1	-	-	-	11	134	15
+ Vitrina pellucida	4	3	3	-	-	-	35	36
Limax maximus	-	-	-	-	-	-	4	-
Carychium tridentatum	111	87	92	1	1	44	336	92
Anzahl:	127	101	150	1	3	62	583	148
Prozent:	0,26	0,27	0,09	0,67	0,81	0,78	0,54	0,76
Mäßig feucht, Schatten, an Holz oder Stein:								
Punctum pygmaeum	44	41	26	-	-	31	153	15
+ Discus ruderatus	5	3	3j	2	-	1j	5f	-
Lehmannia marginata	2	-	23	-	-	-	8	-
Anzahl:	51	44	52	2	-	32	206	15
Prozent:	0,11	0,12	0,03	1,34	-	0,40	0,19	0,08
Mäßig feucht, Halbschatten:								
Bradybaena fruticum	-	-	1f	-	-	1f	7	1f
Trichia hispida	2j	1j	-	-	-	-	-	-
Euomphalia strigella	-	-	-	-	-	8f	13f	4f
+ Cepaea vindobonensis	-	1f	-	-	-	-	-	-
+ Cepaea nemoralis	-	-	2f	-	-	-	-	-
Cepaea hortensis	-	-	-	-	-	-	1f	-
Cepaea sp.	-	1f	14f	-	-	3f	30f	-
Anzahl:	2	3	17	-	-	12	51	5
Prozent:	0,01	0,01	0,01	-	-	0,15	0,05	0,02
Ubiquisten:								
Vertigo pygmaea	-	-	-	-	-	-	2	-
Vallonia pulchella	225	161	247	1	1	96	685	221
Vallonia costata	223	171	80	2	8	155	1395	229
Nesovitrea hammonis	42	23	75	1	2f	18	155	45
Deroceras reticulatum	-	4	19	-	-	-	22	4
Deroceras agreste	5	2	58	-	1j	9	38	9
Eier von Landschnecken	-	3	1	-	1	-	9	4
Anzahl:	495	366	480	4	13	278	2306	512
Prozent:	1,02	0,98	0,28	2,69	3,53	3,48	2,14	2,62
Trockenrasen:								
Cochlicopa lubricella	-	12f	-	-	-	5f	-	23
Truncatellina cylindrica	2f	2	1	-	-	-	3f	2j
+ Pupilla triplicata	5	4f	15	-	-	-	12	-
Anzahl:	7	18	16	-	-	5	15	25
Prozent:	0,01	0,05	0,01	-	-	0,06	0,01	0,13
Landschnecken insgesamt:	1052	841	1933	10	23	524	4366	993
Prozent:	2,17	2,26	1,12	6,71	6,24	6,56	4,05	5,09
Gesamtbestand:	48312	37250	173948	145	368	7980	107796	19517

Tabelle 3. Der obere helle Chara-Travertin.

Proben 1-3 vom 12. Juli 1960, mitten unter dem Überhang entnommen, Probe 1 dicht unter festem Schilftravertin, Probe 3 unmittelbar über Probe 4.
Proben 30-34 vom 24. Juli 1961, rechts (westlich) vom Überhang, durch das Steinband, das die Zwischenschicht hier abschließt, von Probe 35 getrennt.
Jede Probe zu 10 Liter, leg. ALBRECHT u. ZEISSLER.

	3	2	1	34	33	32	31	30
Vorzugsweise bewegtes Wasser:								
+ Belgrandia germanica	6937	4972	117500	50	201	5404	79920	12867
Radix auricularia	17	207	198	3	-	27	359	59
Anzahl:	6954	5179	117698	53	201	5431	80279	12926
Prozent:	14,39	13,50	67,66	35,57	54,61	68,06	74,47	66,23
Stilles bis leichtbewegtes Wasser:								
Bithynia tentaculata	5346	4312	9356	11	15	320	5341	1393
Bith. tentaculata (Deckel)	(3003)	(2361)	(5275)	(7)	(6)	(170)	(1904)	(381)
Lymnaea stagnalis	-	-	-	-	-	-	1j	-
+ Radix peregra ovata	8588	5662	3352	-	-	-	1188	120
+ Radix peregra aff. obtusa	405	754	1099	59	98	134	97	38
+ Myxas glutinosa	-	-	-	-	-	-	13	16
Physa fontinalis	-	-	28	-	-	5	130	17
Planorbis planorbis	-	125	2099	-	-	24	872	256
Plan. planorbis (monstra)	-	-	13	-	-	-	-	-
Bathyomphalus contortus	230	124	45	8	4	4	9	1
Pisidium milium	30	24	103	-	-	2	11	2
Pisidium nitidum	2	1	-	-	-	1j	-	1
Anzahl:	14601	11002	16095	78	117	490	7662	1844
Prozent:	30,23	29,53	9,25	52,35	31,79	6,14	7,16	9,45
Stilles, flaches, pflanzenreiches Wasser:								
Valvata cristata	3114	2581	6240	5	10	178	1418	858
+ Stagnicola "palustris"	113c	118c+t	1315c	-	-	3f	91c+t	53c
Aplexa hypnorum	6	11	-	-	-	-	-	-
Planorbis carinatus	100	212	3119	-	-	39	519	577
+ Spiralina vorticulus	1614	1362	3445	-	-	25	284	41
Gyraulus acronicus	1496	1334	372	1	-	16	148	6
Gyr. acronicus (monstra)	-	-	2	-	-	-	1	-
Armiger crista nautileus	4712	2928	3009	1	5	353	4300	531
Armiger crista cristatus	12488	9902	16670	-	9	699	6624	1154
Arm. crista (monstra)	792	830	1824	-	-	100	783	91
Hippeutis complanatus	957	779	1227	1	2	88	583	198
Acroloxus lacustris	5	6	46	-	-	1	3	-
+ Pisidium pseudosphaerium	10	3	-	-	-	-	5	-
Pisidium obtusale	9	6	67	-	1	9	148	54
Anzahl:	25416	20072	37336	8	27	1511	14907	3603
Prozent:	52,61	53,89	21,46	5,37	7,36	18,94	13,78	18,46
Amphibisch:								
Galba truncatula	289	156	886	-	-	24	582	151
Prozent:	0,60	0,42	0,51	-	-	0,30	0,54	0,77
Wassermollusken insgesamt:	47260	36409	171139	139	345	7456	103430	18624
Prozent:	97,83	97,74	98,88	93,29	93,75	93,44	95,95	94,91
Feuchtes Land:								
Succinea putris	-	2	-	-	-	-	-	-
Succinea elegans	160	134	446	2	1j	30	228	59
Cochlicopa nitens	15	7	-	-	-	-	4f	1j
Vertigo angustior	42	28	108	-	1	32	460	59

Vertigo antivertigo	–	14	2	5	1	1f	2	2	1
Vertigo moulinsiana	–	11	1	5	–	2	–	–	–
Columella edentula	–	3	–	–	–	–	2f	–	–
Euconulus fulvus	–	16	–	2f	3	–	3	–	1
Zonitoides nitidus	1j	19	10	15	3	2	13	2	11
Carychium minimum	–	–	1	1	–	–	–	–	–
Anzahl:	17	202	31	63	11	12	47	17	40
Prozent:	18,09	21,83	16,23	12,05	5,79	10,71	9,38	7,17	8,60
Mäßig feucht, Schatten:									
Cochlicopa lubrica	–	11	11f	21	–	–	7	–	–
Vertigo pusilla	–	–	–	–	–	–	7	–	2f
Vitrina pellucida	–	–	–	–	–	–	2j	1f	–
Aegopinella pura	–	1j	–	–	–	–	–	–	–
Aegopinella nitidula	–	1j	–	–	–	–	–	–	–
Limax maximus	–	–	–	–	–	–	1	–	–
Carychium tridentatum	–	4	–	–	–	–	1	–	3
Anzahl:	–	17	11	21	–	–	18	1	5
Prozent:	–	1,75	5,76	4,02	–	–	3,76	0,42	1,07
Mäßig feucht, Schatten, an Holz oder Stein:									
Punctus pygmaeum	–	3	–	1	–	–	5	1	–
+ Discus ruderatus	–	1	–	–	–	1	5	2	4
Discus rotundatus	–	1j	–	3f	–	–	–	–	–
Oxychilus cellarius	–	1j	–	–	–	–	–	–	–
Anzahl:	–	6	–	4	–	1	10	3	4
Prozent:	–	0,65	–	0,76	–	0,90	2,09	1,27	0,86
Mäßig feucht, Halbschatten:									
Bradybaena fruticum	–	–	1f	–	–	–	–	18f	–
Cepaea sp.	1f	4f	1f	2f	–	–	–	–	1j
Anzahl:	1	4	2	2	–	–	–	18	1
Prozent:	1,06	0,43	1,05	0,38	–	–	–	7,60	0,22
Ubiquisten:									
Pupilla muscorum	–	1ap	3	2	1	2f	–	–	1ap
Vallonia pulchella	–	21	2	3	2	–	16	–	1
Vallonia costata	2	8	3	3	2	3	18	10	4
Nesovitrea hammonis	–	6	11	7	–	–	7	4	3j
Deroceras reticulatum	–	–	–	2	–	–	–	–	–
Deroceras agreste	–	1	1	–	–	–	–	–	1
Eier von Landschnecken	–	–	–	1	–	–	–	–	–
Anzahl:	2	37	20	18	5	5	41	14	10
Prozent:	2,13	4,00	10,47	3,44	2,63	4,46	8,56	5,9[illegible]	2,15
Trockenrasen:									
Cochlicopa lubricella	1f	–	–	1f	–	–	14	5f	–
Prozent:	1,06	–	–	0,19	–	–	2,92	2,11	–
Landschnecken insgesamt:	21	266	64	109	16	18	130	58	60
Prozent:	22,34	28,66	33,51	20,84	8,42	16,07	27,14	24,48	12,90
Gesamtbestand:	95	926	191	523	190	112	478	237	465

Tabelle 4. Unterer Teil des Mittelkomplexes.

Linke Seite der Linse, Proben vom 14. Juli 1960:
Probe 17: braunes Travertinpulver mit grauen Mergelschmitzen, sehr bergfeucht, dem Banktravertin aufliegend.
Probe 16: rostbraune Pulverlinse.
Probe 13-15: hellgraue Pulverschicht mit Rostschmitzen.
Dazu vom 10. Juli 1960: Probe V, aus der Lage wie Probe 13, ca. 2 Liter, leg. ZEISSLER.
Rechte Seite der Linse, Proben vom 20. Juni 1962:
Probe 51: gelbgraues Travertinpulver mit Mergelschmitzen und gewellten feinen und dichten Rostbändern sowie mit schwarzbraunen und schwarzen kleinen Sprenkeln (Holzkohle?).
Probe 50: graue Pulverlinse.
Probe 49: gelbgraues, fein und dicht rostgebändertes Travertinpulver.
Alle Proben außer Probe V zu je 10 Liter, leg. ALBRECHT u. ZEISSLER.

	17	16	15	14	13	V	51	50	49
Vorzugsweise bewegtes Wasser:									
+ Belgrandia germanica	1	-	-	-	-	-	1	-	-
Prozent:	1,06	-	-	-	-	-	0,21	-	-
Stilles bis leichtbewegtes Wasser:									
Bithynia tentaculata	1	-	1	-	1	-	-	1	5
Bith. tentaculata (Deckel)	-	-	-	-	-	-	-	-	(1)
Radix peregra ovata	33	229	46	79	120	58	-	32	43
Radix peregra aff. obtusa	-	-	-	-	-	-	21	-	-
Physa fontinalis	1	9	3	-	-	-	2j	-	3j
Planorbis planorbis	-	-	-	-	-	1	-	1	-
Bathyomphalus contortus	10	95	13	22	11	6	19	7	21
Pisidium milium	-	3	-	-	-	-	8	1	19
Pisidium subtruncatum	-	1	1	-	1	3	1	-	-
Pisidium nitidum	1	2	-	3	-	2	3	5	11
Pisidium casertanum	1	-	-	1	2	1	-	1	8
Pisidium sp.	-	-	-	-	2j	-	-	-	-
Anzahl:	47	339	64	105	137	71	54	48	110
Prozent:	50,00	36,65	33,51	20,08	72,10	63,40	11,48	20,25	23,66
Stilles, flaches, pflanzenreiches Wasser:									
+ Stagnicola "palustris"	2	1	-	13	5	5	4t	15f	-
Aplexa hypnorum	-	-	-	-	-	1	-	-	-
Anisus leucostomus	-	-	1	-	1	-	-	-	-
Gyraulus acronicus	-	-	-	1j	-	-	-	-	-
Armiger crista nautileus	13	121	39	237	8	8	85	42	107
Armiger crista cristatus	6	187	2	12	2	-	178	53	134
Armiger crista (monstra)	-	-	-	-	-	-	14	7	17
Pisidium obtusale	-	-	-	1	-	-	5	2	15
+ P. obtusale aff. lapponicum	-	-	-	-	1	-	-	-	-
Anzahl:	21	309	42	264	17	14	286	119	273
Prozent:	22,34	33,40	21,99	50,48	8,95	12,50	59,71	50,21	58,71
Amphibisch:									
Galba truncatula	4	12	21	45	20	9	7	12	22
Prozent:	4,26	1,29	10,99	8,60	10,53	8,03	1,46	5,06	4,73
Wassermollusken insgesamt:	73	660	127	414	174	94	350	179	405

Feuchtes Land:	1	2	3	4	5	6	7
Succinea elegans	2	7	5	1	8	4	30
Cochlicopa nitens	-	-	-	-	-	-	16
Vertigo antivertigo	-	-	2	-	-	-	7
Vertigo moulinsiana	-	-	2	-	-	-	-
Euconulus fulvus	-	2ap	1	-	1	-	4
Zonitoides nitidus	6	12	15	5	5	7	19
Carychium minimum	-	-	-	-	2	1	4
Anzahl:	8	21	25	6	16	12	80
Prozent:	10,40	15,67	13,37	9,53	7,02	6,86	30,77
Mäßig feucht, Schatten:							
Cochlicopa lubrica	1	2f	6	2ap	1ap	4f	-
Carychium tridentatum	-	-	1	-	-	-	4
Anzahl:	1	2	7	2	1	4	4
Prozent:	1,30	1,49	3,70	3,17	0,44	2,28	1,54
Mäßig feucht, Schatten, an Holz oder Stein:							
Punctum pygmaeum	-	-	-	-	-	2	-
Oxychilus cellarius	-	-	1f	-	-	-	-
Anzahl:	-	-	1	-	-	2	-
Prozent:	-	-	0,54	-	-	1,14	-
Mäßig feucht, Halbschatten:							
Bradybaena fruticum	-	4f	-	2f	-	-	-
Trichia hispida	-	-	-	-	-	-	1
Cepaea sp.	-	3f	-	2f	-	-	-
Anzahl:	-	7	-	4	-	-	1
Prozent:	-	5,22	-	6,35	-	-	0,38
Ubiquisten:							
Pupilla muscorum	-	-	2	-	1	1ap	42
Vallonia pulchella	-	3	-	1	4	-	21
Vallonia costata	1	6	4	1	-	3	16
Nesovitrea hammonis	4	-	-	-	-	3	11
Deroceras agreste	-	-	-	-	1	-	1
Eier von Landschnecken	-	-	-	-	-	-	1
Anzahl:	5	9	6	2	6	7	63
Prozent:	6,19	6,72	3,21	3,17	2,63	4,00	24,24
Trockenrasen:							
Cochlicopa lubricella	-	1ap	-	-	-	-	3
Prozent:	-	0,75	-	-	-	-	1,15
Landschnecken insgesamt:	14	40	39	14	23	25	151
Prozent:	18,19	29,85	20,82	22,22	10,09	14,28	58,08
Gesamtbestand:	77	134	187	63	229	175	260

Tabelle 5. Oberer Teil des Mittelkomplexes.

Linke Seite der Linse, Proben vom 12. Juli 1960:
Probe 12: graugelbes Travertinpulver, oben mit Rostband abgeschlossen.
Probe 11: graugelbes Travertinpulver, oben mit Rostband abgeschlossen (Probe umfaßt ausnahmsweise nur 7,5 Liter).
Probe 10: gelbes Travertinpulver, oben mit Rostband abgeschlossen.
Probe 9: gelbes Travertinpulver.
Rechte Seite, Proben vom 20. Juni 1962:
Probe 47/48: hellgelbes Travertinpulver. - (Alle Proben bis hier leg. ALBRECHT u. ZEISSLER).
Probe 46: kleine Linse über dem Mittelkomplex, durch eine schwache, feste Bank abgetrennt, ebenfalls rechts; gelbes Travertinpulver, leg. SANOW u. ZEISSLER.
Alle Proben, bei denen nicht ausdrücklich eine andere Menge vermerkt ist, umfassen 10 Liter.

	12	11	10	9	48	47	46
Vorzugsweise bewegtes Wasser:							
+ Belgrandia germanica	-	-	-	-	-	-	4
Prozent:	-	-	-	-	-	-	1,54
Stilles bis leichtbewegtes Wasser:							
Bithynia tentaculata	6	35	66	25	88.	64	16
Bith. tentaculata (Deckel)	-	-	(4)	(10)	(14)	(24)	(3)
Radix peregra ovata	38	27	15	7j	29	18	6
Physa fontinalis	-	-	-	-	2j	-	-
Planorbis planorbis	-	-	-	-	1j	-	2
Bathyomphalus contortus	4	6	6	1	1j	9	2
Pisidium subtruncatum	-	1	2j	1j	-	1	-
Pisidium nitidum	-	2	4	-	1	4	3
Pisidium casertanum	1	-	1	-	-	-	-
Anzahl:	49	71	94	34	122	96	29
Prozent:	63,63	52,98	50,30	53,97	53,95	54,86	11,15
Stilles, flaches, pflanzenreiches Wasser:							
Valvata cristata	-	-	-	-	-	-	4
+ Stagnicola "palustris"	9f	9f	19f	1ap	18c	4c	15f
Aplexa hypnorum	-	-	1j	-	-	-	-
Gyraulus acronicus	-	1	-	-	-	-	-
Armiger crista nautileus	-	3	12	6	21	17	-
Armiger crista cristatus	-	3	-	-	17	12	1
Armiger crista (monstra)	-	-	-	-	5	-	-
Pisidium obtusale	-	-	-	-	4	2	-
Anzahl:	9	16	32	7	65	35	20
Prozent:	11,69	11,95	17,11	11,11	28,07	20,00	7,69
Amphibisch:							
Galba truncatula	5	7	22	8	18	19	56
Prozent:	6,49	5,22	11,77	12,70	7,89	10,86	21,54

Cochlicopa nitens	-	-	-	-	5j	4	-	8ap	3	8
Vertigo angustior	-	-	-	-	-	4	1	-	-	1
Vertigo antivertigo	1ap	1	3	2j	7	6	1	5	5	5
Vertigo moulinsiana	-	-	-	-	5	3	2ap	3	12	37
Euconulus fulvus	-	-	-	2	-	-	1	1	2	4
Zonitoides nitidus	3f	1	4	15	17	7	1	10	14	25
Deroceras laeve	-	-	-	-	-	-	-	-	1	1
Anzahl:	6	6	22	51	70	37	21	78	78	168
Prozent:	0,21	0,38	1,00	1,49	1,83	0,79	0,28	1,17	1,25	2,45
Mäßig feucht, Schatten:										
Cochlicopa lubrica	-	-	2f	4	-	1	-	-	-	1ap
Vertigo pusilla	-	-	-	-	1	-	-	-	-	2
Carychium tridentatum	1	-	8	14	16	15	6	2	11	13
Anzahl:	1	-	10	18	17	16	6	2	11	16
Prozent:	0,04	-	0,46	0,52	0,44	0,34	0,08	0,03	0,19	0,23
Mäßig feucht, Schatten, an Holz oder Stein:										
Punctum pygmaeum	-	-	1	-	-	1	-	1	1	2
+ Discus ruderatus	-	-	-	-	1	-	1	1f	-	-
Lehmannia marginata	-	-	-	-	1	-	-	-	-	-
Anzahl:	-	-	1	-	2	1	1	2	1	2
Prozent:	-	-	0,05	-	0,05	0,02	0,01	0,03	0,02	0,03
Mäßig feucht, Halbschatten:										
Bradybaena fruticum	-	-	-	-	-	1f	-	-	-	-
Cepaea sp. (dünnschalig!)	-	-	-	-	-	-	-	1f	-	-
Anzahl:	-	-	-	-	-	1	-	1	-	-
Prozent:	-	-	-	-	-	0,02	-	0,01	-	-
Ubiquisten:										
Vertigo pygmaea	-	-	-	1	-	-	-	-	-	-
Pupilla muscorum	-	3f	7	7	12	1ap	3ap	-	1ap	-
Vallonia pulchella	-	4j	11	48	36	24	10	6	14	27
Vallonia excentrica	2	-	-	-	6	-	-	1	-	-
Vallonia costata	1	3j	4j	7	5	4	2	3f	7	7
Cecilioides acicula	-	-	-	-	-	-	-	-	1	-
Nesovitrea hammonis	-	-	1	-	-	1	-	2	-	6
Deroceras reticulatum	1	-	-	-	-	-	-	-	1	-
Deroceras agreste	-	-	1	-	-	1f	-	2j	-	-
Anzahl:	4	10	24	63	59	31	15	14	24	40
Prozent:	0,14	0,63	1,10	1,84	1,54	0,66	0,20	0,21	0,38	0,58
Trockenrasen:										
Truncatellina cylindrica	2	-	1	-	1	-	-	-	-	-
Pupilla sterri	-	-	-	-	-	-	--	-	-	1ap
Anzahl:	2	-	1	-	1	-	-	-	-	1
Prozent:	0,07	-	0,05	-	0,03	-	-	-	-	0,02
Landschnecken insgesamt:	13	16	58	132	149	86	43	97	114	227
Prozent:	0,46	1,01	2,66	3,85	3,89	1,83	0,57	1,45	1,83	3,31
Gesamtbestand:	2847	1583	2185	3433	3832	4689	7434	6669	6261	6853

Tabelle 6. Unterteil des Oberkomplexes II.

Proben 65-70 vom 4. September 1962, leg. ALBRECHT, KLAUSNITZER u. ZEISSLER; Proben 61-64 vom 14. August 1962, leg. NOLTE u. ZEISSLER. Alle Proben zu je 10 Liter.

	70	69	68	67	66	65	64	63	62	61
Vorzugsweise bewegtes Wasser:										
+ Belgrandia germanica	22	10	5	7	5	4	17	45	144	567
Radix auricularia	2	26	-	47	62	97	-	203	84	229
Anzahl:	24	44	5	54	67	101	17	248	198	796
Prozent:	0,84	2,78	0,23	1,57	1,75	2,16	0,23	3,72	3,16	11,62
Stilles bis leichtbewegtes Wasser:										
Bithynia tentaculata	1138	554	1050	1776	2040	2111	2405	2065	1748	1561
Bith. tentaculata (Deckel)	(510)	(170)	(173)	(419)	(903)	(1465)	(1154)	(1605)	(1299)	(1059)
Lymnaea stagnalis	1ap	1j	-	-	-	1	1	7j	8j	40j
Radix peregra aff. obtusa inflata	192	336	331	258	343	360	1273	1063	1336	1245
+ Myxas glutinosa	2	-	-	-	1	-	-	-	-	-
Physa fontinalis	2	-	5	3	3	7	44	16	12	3
Planorbis planorbis	1j	-	2j	-	-	14j	-	-	-	-
Bathyomphalus contortus	23	8	30	92	130	182	139	163	161	240
Pisidium milium	16	8	4	9	15	38	166	87	97	75
Pisidium nitidum	467	119	139	314	194	411	1242	783	893	984
Pisidium casertanum	-	-	-	4	-	-	12	-	-	-
+ Pisidium hibernicum	-	-	-	1	3	22	7	2	-	-
Anzahl:	2142	1026	1561	2457	2729	3146	5289	4186	4255	4148
Prozent:	75,24	64,82	71,44	71,57	71,21	67,09	71,15	62,77	67,96	60,53
Stilles, flaches, pflanzenreiches Wasser:										
Valvata cristata	4	-	-	1	-	-	3	20	118	153
Stagnicola "palustris"	-	6f	-	-	-	-	6j	-	-	-
Stagnicola corvus	12	-	40	77	48	22	-	36	-	15
+ Stagnicola turricula	-	-			-		-		22	-
Aplexa hypnorum	-	-	-	1	-	-	-	-	1	-
+ Spiralina vorticulus	16	10	23	90	105	378	144	198	140	237
Anisus leucostomus	-	-	-	4	2	-	-	1	-	1
Gyraulus acronicus	-	-	-	4	8	8	10	7	1j	3
Armiger crista nautileus	264	136	327	325	268	462	336	1055	776	732
Armiger crista cristatus	142	237	82	100	222	312	806	215	113	120
Armiger crista (monstra)	30	20	10	41	34	37	81	97	50	74
Hippeutis complanatus	9	3	-	1	1	3	12	9	24	30
Acroloxus lacustris	-	-	-	-	-	-	5	2	3	5
+ Pisidium pseudosphaerium	15	4	1	1	9	26	333	181	113	76
Pisidium obtusale	172	80	65	68	97	75	336	295	291	144
Anzahl:	664	496	548	713	794	1323	2072	2116	1652	1590
Prozent:	23,32	31,33	25,08	20,77	20,72	28,22	27,87	31,73	26,38	23,20
Amphibisch:										
Galba truncatula	4	1	13	77	93	33	13	22	42	92
Prozent:	0,14	0,06	0,59	2,24	2,43	0,70	0,18	0,33	0,67	1,34
Wassermollusken insgesamt:	2834	1567	2127	3301	3683	4603	7391	6572	6147	6626

Vertigo angustior	3	5	2	-	1	2	-	-	1
Vertigo antivertigo	7	8	1	2	2	2	1	-	3
Vertigo moulinsiana	12	15	11	-	4	1	-	1	-
+ Columella edentula	2f	-	-	-	-	-	-	-	-
Euconulus fulvus	4	1	2f	-	2	-	-	-	-
Zonitoides nitidus	14	3	9	4j	1	4f	2	-	2j
Deroceras laeve	1	-	-	-	-	-	-	-	-
Anzahl:	93	66	50	25	23	16	4	2	11
Prozent:	1,84	1,03	0,91	0,74	0,77	0,55	0,18	0,13	0,14
Mäßig feucht, Schatten:									
Cochlicopa lubrica	3f	-	-	-	-	-	-	-	1ap
Carychium tridentatum	7	6	5	4	4	2	-	-	2
Anzahl:	10	6	5	4	4	2	-	-	3
Prozent:	0,20	0,09	0,09	0,12	0,13	0,07	-	-	0,04
Mäßig feucht, Schatten, an Holz oder Stein:									
Punctum pygmaeum	-	1	1	1	-	-	1	-	-
+ Discus ruderatus	-	-	-	-	-	3f	-	-	-
Anzahl:	-	1	1	1	-	3	1	-	-
Prozent:	-	0,02	0,02	0,03	-	0,10	0,04	-	-
Mäßig feucht, Halbschatten:									
Trichia hispida	1f	-	-	-	-	-	-	-	-
Helix pomatia	-	-	-	-	-	-	-	1f	-
Anzahl:	1	-	-	-	-	-	-	1	-
Prozent:	0,02	-	-	-	-	-	-	0,07	-
Ubiquisten:									
Pupilla muscorum	1	4ap	-	-	-	-	-	-	1ap
Vallonia pulchella	16	13	11	7	3	4	5	-	7
Vallonia excentrica	-	-	-	-	-	-	-	-	8
Vallonia costata	3j	5	3	1	2	-	-	2	2
Cecilioides acicula	-	-	-	1	-	3	7	6	3
Nesovitrea hammonis	3f	4	-	1	3	-	-	1j	-
Deroceras agreste	-	1	-	-	1	-	-	-	-
Eier von Landschnecken	1	-	-	-	-	-	-	-	-
Anzahl:	24	27	14	10	9	7	12	9	21
Prozent:	0,48	0,42	0,25	0,30	0,30	0,24	0,53	0,58	0,27
Trockenrasen:									
Truncatellina cylindrica	-	1ap	-	-	-	1	-	-	1
Prozent:	-	0,02	-	-	-	0,03	-	-	0,01
Landschnecken insgesamt:	128	101	70	40	36	29	17	12	36
Prozent:	2,54	1,58	1,27	1,19	1,20	0,99	0,75	0,78	0,46
Gesamtbestand:	5058	6409	5496	3381	2984	2920	2275	1544	7673

Tabelle 7. Oberteil des Oberkomplexes II.

Proben 58-60 vom 14. August 1962, leg. NOLTE u. ZEISSLER; Proben 52-57 vom 31. Juli 1962, leg. Dr. KAHLKE u. ZEISSLER. Alle Proben zu je 10 Liter.

	60	59	58	57	56	55	54	53	52
Vorzugsweise bewegtes Wasser:									
+ Belgrandia germanica	646	1651	1698	602	736	1435	1212	602	4025
Radix auricularia	165	77j	55j	117	-	76	-	-	-
Anzahl:	811	1768	1753	719	736	1511	1212	602	4025
Prozent:	16,03	27,59	31,90	21,26	24,66	51,75	53,27	38,99	52,46
Stilles bis leichtbewegtes Wasser:									
Bithynia tentaculata	1129	1406	1094	833	712	577	352	389	1348
Bith. tentaculata (Deckel)	(614)	(510)	(567)	(452)	(317)	(236)	(285)	(253)	(571)
Lymnaea stagnalis	33j	50j	36j	27f	39f	7j	3j	-	-
Radix peregra aff. obtusa inflata	1131	1201	884	697	589	307	307	292	1223
Physa fontinalis	7	1	-	3	2j	-	-	-	-
Bathyomphalus contortus	168	167	109	76	49	32	20	11	56
Pisidium milium	40	24	35	26	25	6	5	16	57
Pisidium nitidum	644	633	626	357	309	169	120	111	429
Pisidium casertanum	1	-	-	-	2	-	-	-	-
+ Pisidium hibernicum	-	2	5	-	-	1	5	-	-
Anzahl:	3153	3484	2789	2019	1727	1099	812	819	3113
Prozent:	62,34	54,35	50,75	59,72	57,88	37,64	35,69	53,04	40,57
Stilles, flaches, pflanzenreiches Wasser:									
Valvata cristata	126	184	155	140	115	94	75	43	245
+ Stagnicola "palustris"	30c	25c	11c	16c	44f	3j	18f	-	4j
+ Spiralina vorticulus	170	222	138	67	68	38	26	9	24
Anisus leucostomus	-	-	-	1	-	-	-	-	-
Gyraulus acronicus	2	1	1	-	-	-	2	3	1j
Armiger crista nautileus	330	341	340	215	93	90	32	18	59
Armiger crista cristatus	92	97	74	45	70	22	44	8	31
Armiger crista (monstra)	29	31	36	14	21	6	9	-	6
Hippeutis complanatus	15	23	13	12	10	2	5	2	1
Acroloxus lacustris	-	4	3	5	2	-	-	-	-
+ Pisidium pseudosphaerium	42	21	18	25	9	2	5	12	79
Pisidium obtusale	105	63	78	53	43	17	16	15	47
Anzahl:	941	1012	867	593	475	274	232	110	497
Prozent:	18,60	15,79	15,77	17,53	15,92	9,38	10,20	7,12	6,48
Amphibisch:									
Galba truncatula	25	44	17	10j	10j	7j	2	1j	2
Prozent:	0,49	0,69	0,31	0,30	0,34	0,24	0,09	0,07	0,03
Wassermollusken insgesamt:	4930	6308	5426	3341	2948	2891	2258	1532	7637
Prozent:	97,46	98,43	98,73	98,81	98,80	99,01	99,15	99,21	99,54

Vitrina pellucida	-	1	-	-	-	-	-	1	-
Aegopinella nitidula	-	-	1j	11	52	17	64	48	18
+ Aegopinella nitens	-	-	-	-	22	12	21	-	-
+ Vitrea diaphana	-	-	-	-	-	-	1	-	-
+ Vitrea crystallina	3	5	-	3	29	1	2	-	-
Vitrea contracta	-	-	-	-	-	12	19	16	5
Vitrea sp.	-	-	1f	-	-	-	-	-	-
+ Arion sp.	-	2	-	-	-	-	-	-	-
Limax maximus	-	-	-	-	3	-	1	-	1
Anzahl:	9	18	4	29	364	204	580	282	47
Prozent:	11,39	15,38	4,76	14,00	27,89	25,09	26,24	23,56	14,64
Mäßig feucht, Schatten, an Holz oder Stein:									
+ Acicula polita	-	3	-	-	6	8	32	22	11
+ Acanthinula aculeata	-	-	-	-	5	-	6	-	-
+ Cochlodina laminata	-	4f	2f	1f	8	3f	26f	22f	11f
+ Clausilia parvula	-	-	1f	-	3f	3f	24f	46	-
+ Clausilia bidentata	-	7f	1f	-	-	-	-	-	-
Punctum pygmaeum	-	-	-	-	8	5	23	5	-
+ Discus rotundatus	6	40	17	19	22	4	10	8	8
++! Aegopis verticillus	-	-	-	-	-	-	-	1ap	-
Oxychilus cellarius	-	-	-	-	-	-	-	3f	-
Lehmannia marginata	-	2	-	1	1	1	-	1	1
+ Helicodonta obvoluta	-	8f	14f	24f	26f	5f	51f	44f	56f
Anzahl:	6	64	35	45	79	25	172	152	87
Prozent:	7,60	54,70	41,67	21,73	6,65	3,57	7,78	12,70	27,10
Mäßig feucht, Halbschatten:									
Bradybaena fruticum	-	-	5f	19f	43f	8f	28f	23f	17f
Trichia hispida	-	-	-	-	6f	-	-	-	-
Euomphalia strigella	2f	3f	16f	3f	18f	24f	50f	31f	22f
++! Cepaea vindobonensis	-	-	-	-	-	-	2f	-	-
Cepaea hortensis	-	-	-	3f	1f	-	2f	7f	3f
Cepaea sp.	-	9f	8f	44f	58f	12f	59f	58f	24f
Helix pomatia	-	-	-	-	-	-	1ap	-	-
Anzahl:	2	12	29	69	126	44	142	119	66
Prozent:	2,53	10,26	34,52	33,33	9,60	5,41	6,42	9,94	20,56
Ubiquisten:									
Vallonia pulchella	3	2	-	2	15	7	12	9	-
Vallonia excentrica	-	-	1	-	-	-	-	-	-
Vallonia costata	20	15	11	32	348	254	635	425	80
Cecilioides acicula	-	-	-	-	-	-	-	1	1
Nesovitrea hammonis	3	1	-	2	37	4	37	16	4
Deroceras reticulatum	-	-	1	2	1	2	-	-	-
Deroceras agreste	-	-	-	-	-	-	-	2	-
Limax sp.	1f	-	-	-	-	-	-	-	-
Eier von Landschnecken	-	-	-	-	13	-	1	-	2
Anzahl:	27	18	13	38	414	267	685	453	87
Prozent:	34,18	15,38	15,48	18,35	31,72	32,84	31,00	37,84	27,10
Trockenrasen:									
Cochlicopa lubricella	-	-	-	-	-	1	22	37	14
Prozent:	-	-	-	-	-	0,22	1,00	3,09	4,36
Landschnecken insgesamt:	46	116	81	181	1077	559	1668	1073	306
Prozent:	38,23	99,14	96,43	87,41	77,93	68,75	75,47	89,64	95,32
Gesamtbestand:	79	117	84	207	1305	813	2210	1197	321

Tabelle 8. Unterteil des Oberkomplexes I.

Proben 25-29, rechte Seite des Aufschlusses, vom 21. Juli 1960; Proben 42-45, linke Seite des Aufschlusses, vom 27. Juli 1961. Alle Proben zu je 10 Liter, alles gelber Travertingrus mit Brocken, leg. ALBRECHT u. ZEISSLER.

	29	28	27	26	25	45	44	43	42
Vorzugsweise bewegtes Wasser:									
++ Belgrandia germanica	23	-	-	10	128	115	239	27	-
Prozent:	29,11	-	-	4,87	9,81	14,15	10,82	2,25	-
Stilles bis leichtbewegtes Wasser:									
Bithynia tentaculata	-	-	-	9	50	43	111	51	11
Bith. tentaculata (Deckel)	-	-	-	-	(8)	(32)	(53)	(22)	(4)
Radix peregra ovata	-	1	-	1	13	26	55	10j	2j
Planorbis planorbis	-	-	1j	4	12	21	47	16j	1j
Bathyomphalus contortus	-	-	-	-	-	-	6	3	-
Pisidium subtruncatum	-	-	-	-	2	-	-	-	-
Pisidium nitidum	-	-	-	1	6	3	5	-	-
Pisidium personatum	-	-	-	-	-	-	1	-	-
Pisidium sp.	-	-	-	-	-	-	-	1	-
Anzahl:	-	1	1	15	83	93	225	81	14
Prozent:	-	0,86	1,19	7,24	6,36	11,44	10,18	6,77	4,36
Stilles, flaches, pflanzenreiches Wasser:									
Valvata cristata	-	-	-	-	55	16	35	11	-
++ Stagnicola "palustris"	10f	-	-	-	2f	8c	16f	3f	1f
+ Planorbis carinatus dubius	-	-	-	1	7	8	10	-	-
Armiger crista nautileus	-	-	2	-	3	4	3	-	-
Armiger crista cristatus	-	-	-	-	-	3	4	-	-
Hippeutis complanatus	-	-	-	-	1f	-	-	-	-
Anzahl:	10	-	2	1	68	39	68	14	1
Prozent:	12,66	-	2,38	0,48	5,21	4,80	3,08	1,17	0,32
Amphibisch:									
Galba truncatula	-	-	-	-	9	7	10	2	-
Prozent:	-	-	-	-	0,69	0,86	0,45	0,17	-
Wassermollusken insgesamt:	33	1	3	26	288	254	542	124	15
Prozent:	41,77	0,86	3,57	12,59	22,07	31,25	24,53	10,36	4,68
Feuchtes Land:									
Succinea elegans	-	-	-	-	10	1	7	1	-
Vertigo angustior	-	2	-	-	9	6	22	13	5
Vertigo antivertigo	-	-	-	-	5	3	10	2	-
++ Columella edentula	-	1f	-	-	-	-	-	-	-
+ Orcula doliolum	-	-	-	-	-	-	1	1f	-
+ Vallonia enniensis	1f	-	-	-	1	-	-	-	-
Euconulus fulvus	1	-	-	-	1	3	3	-	-
Zonitoides nitidus	-	1	-	-	8	-	2f	-	-
Deroceras laeve	-	-	-	-	-	-	3	-	-
+ Arianta arbustorum	-	-	-	-	-	1f	20f	13f	-
Anzahl:	2	4	-	-	34	14	67	30	5
Prozent:	2,53	3,42	-	-	2,61	1,72	3,03	2,51	1,56
Mäßig feucht, Schatten:									
Carychium tridentatum	4	9	2	15	248	150	430	203	3
Cochlicopa lubrica	1	-	-	-	-	8f	5f	-	-
+ Cochlicopa lubrica (columna)	-	-	-	-	7	4	5	-	-

Aegopinella pura	-	-	-	1	-	-	-	-	-
Aegopinella nitidula	-	10	7	1j	-	1	-	-	-
++! Vitrea subrimata	1f	-	2	-	-	-	-	-	-
+ Vitrea crystallina	2	13	5	2	1	-	-	-	-
Anzahl:	9	65	40	7	1	5	-	-	-
Prozent:	16,98	5,57	7,18	7,07	5,08	7,81	-	-	-
Mäßig feucht, Schatten, an Holz oder Stein:									
+ Acicula polita	-	1f	1	1	-	-	-	-	-
+ Cochlodina laminata	-	1f	1f	-	-	2f	-	-	-
+ Clausilia parvula	-	3f	-	-	-	-	-	-	1f
+ Iphigena plicatula	1f	-	-	-	-	-	-	-	-
Punctum pygmaeum	-	2	1	-	-	-	-	-	-
+ Discus rotundatus	4	26	23	7f	1	1j	-	2f	1
++! Discus perspectivus	-	1	-	-	-	-	-	-	-
+ Oxychilus alliarius	-	-	-	-	-	1	-	-	-
+ Helicodonta obvoluta	-	10f	6f	2f	-	11f	-	7f	3f
Anzahl:	5	44	32	10	1	15	-	9	5
Prozent:	9,43	3,77	5,74	10,10	5,88	23,44	-	29,03	17,24
Mäßig feucht, Halbschatten:									
Bradybaena fruticum	3f	25f	15f	6f	3f	21f	13f	5f	4f
Trichia hispida	-	5f	7f	3f	-	-	-	-	-
Euomphalia strigella	7f	27f	6f	2f	-	15,f	8f	3f	3f
Cepaea hortensis	-	-	-	-	-	2f	2f	-	-
Cepaea sp.	-	29f	10f	6f	8f	-	-	4f	13f
Anzahl:	10	86	39	17	11	38	23	12	20
Prozent:	18,87	7,37	7,00	17,17	64,72	59,38	79,31	38,71	68,96
Ubiquisten:									
Vertigo pygmaea	-	2	-	-	-	-	-	-	-
Pupilla muscorum	-	1	-	-	-	-	-	-	-
Vallonia pulchella	1	35	11	1j	-	-	-	-	-
Vallonia costata	6	178	83	11	1j	-	-	-	-
Cecilioides acicula	-	1	-	1	-	-	-	1	1
Nesovitrea hammonis	4	15	8	1	-	5	-	-	-
Deroceras reticulatum	-	2	-	1	-	-	-	-	-
Deroceras agreste	-	2	1	-	-	-	-	1	-
Anzahl:	11	236	103	15	1	5	-	2	1
Prozent:	20,75	20,22	18,49	15,15	5,88	7,81	-	6,45	3,45
Trockenrasen:									
Cochlicopa lubricella	-	3	-	-	-	-	-	-	-
Truncatellina cylindrica	-	1	-	-	-	-	-	-	-
Anzahl:	-	4	-	-	-	-	-	-	-
Prozent:	-	0,34	-	-	-	-	-	-	-
Landschnecken insgesamt:	35	511	258	51	15	63	28	30	28
Prozent:	66,03	43,78	46,31	51,52	88,24	98,44	96,55	96,77	96,55
Gesamtbestand:	53	1167	557	99	17	64	29	31	29

Tabelle 9. Oberteil des Oberkomplexes I.

Proben 20-24 vom 20. Juli 1960, rechte Seite des Aufschlusses; Proben 38-41 vom 27. Juli 1961, linke Seite des Aufschlusses. Alle Proben zu je 10 Liter, leg. ALBRECHT u. ZEISSLER.

	24	23	22	21	20	41	40	39	38
Vorzugsweise bewegtes Wasser:									
Belgrandia germanica	1	473	229	21	-	-	-	-	-
Prozent:	1,89	40,53	41,11	21,21	-	-	-	-	-
Stilles bis leichtbewegtes Wasser:									
Bithynia tentaculata	1j	49	19	7	-	1j	-	-	-
Bith. tentaculata (Deckel)	-	(4)	(2)	-	-	-	-	-	-
Radix peregra ovata	11	28	9	4	-	-	-	-	-
Planorbis planorbis	1j	6	8	-	-	-	1j	-	-
Bathyomphalus contortus	-	7	2	-	-	-	-	-	-
Pisidium milium	-	1	1	-	-	-	-	-	-
+ Pis. milium pulchelloides	-	-	-	1	-	-	-	-	-
Pisidium subtruncatum	-	-	3	-	-	-	-	-	-
Pisidium nitidum	-	5	10	5	-	-	-	-	-
Pisidium casertanum	-	4	-	4	1	-	-	-	-
Anzahl:	13	100	52	21	1	1	1	-	-
Prozent:	24,53	8,57	9,34	21,21	5,88	1,56	3,45	-	-
Stilles, flaches, pflanzenreiches Wasser:									
Valvata cristata	-	12	4	-	-	-	-	-	-
++ Stagnicola "palustris"	-	-	-	2f	1f	-	-	1j	1f
+ Planorbis carinatus dubius	-	16	-	-	-	-	-	-	-
Spiralina vorticulus	-	7	1	1	-	-	-	-	-
Armiger crista nautileus	-	8	2	-	-	-	-	-	-
Armiger crista cristatus	-	5	-	-	-	-	-	-	-
Hippeutis complanatus	-	-	-	1	-	-	-	-	-
Segmentina nitida	-	3	-	-	-	-	-	-	-
Pisidium obtusale	-	1	1	-	-	-	-	-	-
Anzahl:	-	52	8	4	1	-	-	1	1
Prozent:	-	4,46	1,44	4,04	5,88	-	-	3,23	3,45
Amphibisch:									
Galba truncatula	4	31	10	2	-	-	-	-	-
Prozent:	7,55	2,66	1,80	2,02	-	-	-	-	-
Wassermollusken insgesamt:	18	656	299	48	2	1	1	1	1
Prozent:	33,97	56,22	53,69	48,48	11,76	1,56	3,45	3,23	3,45
Feuchtes Land:									
Succinea elegans	-	26	9	1	1	-	-	-	-
Cochlicopa nitens	-	2f	-	-	-	-	-	-	-
Vertigo angustior	-	1	1	-	-	-	-	-	-
+ Vallonia enniensis	-	9	8	-	-	-	-	-	-
Euconulus fulvus	-	2	-	1	-	-	-	-	-
Zonitoides nitidus	-	11	5	-	-	-	-	-	-
+ Arianta arbustorum	-	25f	21f	-	-	-	5f	7f	2f
Anzahl:	-	76	44	2	1	-	5	7	2

Übersicht über die herausgegebenen Publikationen

Reichenbachia

Fachgebiet: Taxonomie (Neubeschreibungen, Revisionen und andere taxonomische Arbeiten mit geringem Umfang).

Tiergruppen: Insecta, Myriapoda, Arachnida.

Entomologische Abhandlungen

Fachgebiete: Taxonomie (Bestimmungstabellen, Monographien und andere taxonomische Arbeiten mit größerem Umfang), Phylogenie, Evolution, Morphologie, Anatomie, Biologie, Ökologie, Zoogeographie.

Tiergruppen: Insecta, Myriapoda, Arachnida.

Faunistische Abhandlungen

Fachgebiet: Faunistik. Diese Reihe dient auch zur Veröffentlichung faunistischer Kurzmitteilungen.

Tiergruppen: alle Gruppen mit Ausnahme der Protozoa.

Zoologische Abhandlungen

Fachgebiete: Taxonomie, Phylogenie, Evolution, Morphologie, Anatomie, Biologie, Ökologie, Zoogeographie.

Tiergruppen: Vertebrata; daneben Evertebrata mit Ausnahme der Insecta, Myriapoda, Arachnida, Mollusca und Protozoa.

Malakologische Abhandlungen

Fachgebiete: Taxonomie, Phylogenie, Evolution, Morphologie, Anatomie, Biologie, Ökologie, Zoogeographie.

Tiergruppe: Mollusca.

Übersicht über die erschienenen Publikationen

Nach 1945 erschienen folgende Bände:

Abhandlungen und Berichte aus dem Staatlichen Museum für Tierkunde in Dresden

Bände 21 (1953) – 25 (1960)
(Band 21 ist vergriffen).

Ab 1961 wurden die „Abhandlungen und Berichte aus dem Staatlichen Museum für Tierkunde in Dresden" in zwei Reihen unterteilt:

Entomologische Abhandlungen

Ab Band 26 (1961–1962) ff.
Zu den Bänden 36, 37, 39 und 40 erschienen Supplementbände.

Zoologische Abhandlungen

Ab Band 26 (1961–1964) ff.
Ab Band 26 ohne Insecta, ab Band 27 ohne Mollusca.
(Bände 26–29 sind vergriffen).

Im Zeitraum von 1962–1964 wurden zusätzlich die folgenden Reihen neu eingerichtet:

Reichenbachia

Ab Band 1 (1962–1963) ff.

Faunistische Abhandlungen

Ab Band 1 (1963–1966) ff.

Malakologische Abhandlungen

Ab Band 1 (1964–1967) ff.

Alle genannten Reihen erscheinen fortlaufend, jedoch zwanglos und ohne feste Bindung an das Kalenderjahr.

III-9-16 Jt 1943/75 10 T. (30045/9)

FSC
www.fsc.org
MIX
Papier | Fördert gute Waldnutzung
FSC® C083411

Zeitfracht Medien GmbH
Ferdinand-Jühlke-Straße 7
99095 Erfurt, Deutschland
produktsicherheit@kolibri360.de